Mit „BestMasters" zeichnet Springer die besten Masterarbeiten aus, die an renommierten Hochschulen in Deutschland, Österreich und der Schweiz entstanden sind. Die mit Höchstnote ausgezeichneten Arbeiten wurden durch Gutachter zur Veröffentlichung empfohlen und behandeln aktuelle Themen aus unterschiedlichen Fachgebieten der Naturwissenschaften, Psychologie, Technik und Wirtschaftswissenschaften.

Die Reihe wendet sich an Praktiker und Wissenschaftler gleichermaßen und soll insbesondere auch Nachwuchswissenschaftlern Orientierung geben.

Dominik Koch

Verbesserung von Klassifikationsverfahren

Informationsgehalt der k-Nächsten-Nachbarn nutzen

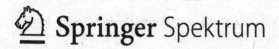

Springer Spektrum

Dominik Koch
München, Deutschland

BestMasters
ISBN 978-3-658-11475-6   ISBN 978-3-658-11476-3 (eBook)
DOI 10.1007/978-3-658-11476-3

Die Deutsche Nationalbibliothek verzeichnet diese Publikation in der Deutschen Nationalbibliografie; detaillierte bibliografische Daten sind im Internet über http://dnb.d-nb.de abrufbar.

Springer Spektrum

Gedruckt auf säurefreiem und chlorfrei gebleichtem Papier

Springer Fachmedien Wiesbaden ist Teil der Fachverlagsgruppe Springer Science+Business Media
(www.springer.com)

Vorwort

Das von Fix und Hodges entwickelte k-Nächste Nachbarn Verfahren ist eines der simpelsten und zugleich intuitivsten Klassifikationsverfahren. Nichtsdestotrotz ist es in den meisten Fällen in der Lage, ziemlich gute Klassifikationsergebnisse zu liefern. Diesen Informationsgehalt der Nächsten Nachbarn kann man sich zu Nutze machen, um bereits etablierte Verfahren zu verbessern. In diesem Buch werden die Auswirkungen der Nächsten Nachbarn auf den Boosting-Ansatz, Lasso und Random Forest in Bezug auf binäre Klassifikationsprobleme behandelt. Die Informationen, die in den Nächsten Nachbarn enthalten sind, werden den Klassifikationsverfahren zusätzlich zu den noch vorhandenen Kovariablen, in Form von Summen, zur Verfügung gestellt. Durch diese Modifikation ist es möglich, eine Verbesserung der Klassifikationsgüte zu erzielen.

München, im Dezember 2014 *Dominik Koch*

Inhaltsverzeichnis

Abbildungsverzeichnis

Tabellenverzeichnis

Kapitel 1
Einleitung

Die k-Nächste Nachbarn Methode wurde in den Jahren 1951/1952 von Fix und Hodges (1951, 1952) entworfen. Es handelt sich hierbei um einen der simpelsten und zugleich intuitivsten Ansätze unter den Klassifikationsverfahren. Eine neue Beobachtung, dessen Klassenzugehörigkeit noch unbekannt ist, wird in einer Art Mehrheitsentscheid derjenigen Klasse zugeordnet, welcher die meisten seiner k-Nächsten Nachbarn angehören. Unter den namensgebenden Nächsten Nachbarn versteht man diejenigen Beobachtungen, welche der neuen Beobachtung in Bezug auf ihre Kovariablen am nächsten sind und deren Klassenzugehörigkeit bekannt ist. Trotz oder vielleicht gerade wegen seiner Einfachheit liefert der Nächste Nächbar Ansatz (Spezialfall $k = 1$) häufig ziemlich gute Klassifikationsergebnisse (Ripley, 1996).

Das Hauptziel dieser Arbeit besteht darin sich den Informationsgehalt der Nächsten Nachbarn zu Nutze zu machen, um damit die Vorhersage bereits etablierter Verfahren zu verbessern. Nachfolgend beschränkt man sich vorerst auf binäre Klassifikationsprobleme. Dies ermöglicht die Komprimierung der in den Nächsten Nachbarn enthaltenen Informationen in Form mehrerer Summen. Diese werden wiederum den zu verbessernden Verfahren zur Verfügung gestellt. Konkret handelt es sich bei diesen Verfahren um den Lasso-Ansatz, sowie die beiden Ensemble Methoden Random Forest und Boosting. Des Weiteren wird basierend auf dem Lasso-Ansatz eine eigene Ensemble-Methode erstellt. Darüber hinaus wird zudem noch ein neuer gewichteter k-Nächste Nachbarn Algorithmus entworfen.

Anhand einer Vielzahl an simulierten Datensätzen wird das Potential der vorgeschlagenen Klassifikationsverbesserungen ermittelt. Die simulierten Daten weisen jeweils unterschiedliche Charakteristika auf um überprüfen zu können wie gut die Verfahren in bestimmten Situationen abschneiden. Das Hauptaugenmerk liegt hierbei vor allem darauf, wie sich die Berücksichtigung der Nächsten Nachbarn auf die Klassifikationsgüte der Verfahren auswirkt. Um eine Einordnung der Klassifikationsgüte zu ermöglichen stehen zudem die Ergebnisse von weiteren gängigen Klassifikationsverfahren zur Verfügung. Zu guter Letzt werden die Verfahren auf reale Daten angewendet um deren wahre – in Auswertungen zu erwartende – Performance analysieren zu können.

Die Arbeit ist folgendermaßen aufgebaut: Im nachfolgenden Kapitel wird auf die Ermittlung der Nächsten Nachbarn, sowie deren Summen eingegangen. Darüber hinaus wird die verwendete Notation eingeführt. Kapitel 3 dient zur Vorstellung der verwendeten Klassifikationsverfahren. In Kapitel 4 wird das Verhalten der Verfahren anhand von Simulationsstudien analysiert bevor sie in Kapitel 5 auf reale Daten angewendet werden.

Kapitel 2
Datenstruktur und Notation

2.1 Datenstruktur

Man gehe von einem binären Klassifikationsproblem $y_i \in \{0, 1\}$ aus, bei welchem dem Nutzer ein Lerndatensatz vom Umfang n_L zur Verfügung steht. Die Klassenzuordnung aller Beobachtungen des Lerndatensatzes werden als bekannt vorausgesetzt. Zusätzlich existiert ein Datensatz mit n_A Beobachtungen, deren Klassenzugehörigkeit unbekannt sind. Diese zu klassifizierenden Daten werden als Anwendungsdaten bezeichnet und zur besseren Unterscheidung von den Lerndaten mit einer Tilde $\tilde{}$ gekennzeichnet.

$$\text{Lern-/Trainingsdaten:} \quad (y_i, \mathbf{x}_i), \quad i = 1, \ldots, n_L$$
$$\text{Anwendungs-/Testdaten:} \quad (\tilde{\mathbf{x}}_i), \quad i = 1, \ldots, n_A$$

2.1.1 Generelle Nächste Nachbarn

Die generellen Nächsten Nachbarn sind aus dem Nächsten Nachbarn Algorithmus von Fix und Hodges (1951, 1952) bekannt. Beide Datensätze werden nun mittels nachfolgender Vorgehensweise um die Klassenzugehörigkeit der Nächsten Nachbarn aus den Lerndaten erweitert.

Algorithmus 1 Datensatzerweiterung um die generellen Nächsten Nachbarn

---

1. Zuordnung der Daten anhand ihrer Zugehörigkeit zu den Lern- bzw Anwendungsdaten.
2. Standardisierung aller Variablen um eine identische Gewichtung bei der Distanzberechnung zu gewährleisten (siehe Abschnitt 2.2.2)
3. Berechnung der Distanzen zu allen anderen Punkten aus den Lerndaten. In dieser Arbeit wird das euklidische Distanzmaß $d(\mathbf{u}, \mathbf{v}) = \|\mathbf{u} - \mathbf{v}\|_2 = \sqrt{\sum_{i=1}^{d} |u_i - v_i|^2}$ verwendet. Diese und weitere Distanzmaße werden in Abschnitt 2.2.1 kurz vorgestellt.
4. Sortierung anhand von ansteigenden Distanzen. Sollten identische Distanzen (sog. Bindungen) vorliegen, so werden diese Beobachtungen anhand ihres Index geordnet. Alternative Methoden zur Bindungsbrechung werden in Abschnitt 2.2.3 erläutert.
5. Anfügen der Klassenzugehörigkeit der zuvor ermittelten Nächsten Nachbarn an die Originaldaten.

Die erweiterten Daten

$$\text{Lerndaten: } (y_i, y_{(1)}(\mathbf{x}_i), \ldots, y_{(n_L-1)}(\mathbf{x}_i), \mathbf{x}_i), \quad i = 1, \ldots, n_L$$
$$\text{Testdaten: } \quad (y_{(1)}(\widetilde{\mathbf{x}}_i), \ldots, y_{(n_L)}(\widetilde{\mathbf{x}}_i), \widetilde{\mathbf{x}}_i), \quad i = 1, \ldots, n_A$$

umfassen nun die Originaldaten, sowie die Klassenzugehörigkeiten der Nächsten Nachbarn aus den Lerndaten. $y_{(k)}(\mathbf{x}_i)$ bezeichnet hierbei die Ausprägung der Zielvariable des k-ten Nächsten Nachbarn zur Beobachtung $\mathbf{x}_i$. Soweit nicht anders angegeben, versteht man unter den Nächsten Nachbarn die generellen Nächsten Nachbarn. Die Ermittlung der Nächsten Nachbarn für eine Beobachtung $\mathbf{x}$ lässt sich im zweidimensionalen Fall anhand von Abbildung 2.1 veranschaulichen.

Bei der Beobachtung $\mathbf{x}$ kann es sich sowohl um einen Datenpunkt aus den Lerndaten, als auch um einen Punkt aus den Anwendungsdaten handeln. Die hier ermittelten fünf Nächsten Nachbarn $X_{(1)}(\mathbf{x}), \ldots, X_{(5)}(\mathbf{x})$ hingegen stammen ausschließlich aus den Lerndaten.

Es ist anzumerken, dass die Erweiterung der Originaldaten zeitaufwändig sein kann, da die Berechnung der Nächsten Nachbarn für jede Beobachtung separat durchgeführt werden muss. Des Weiteren wird auch zusätzlicher Speicherplatz beansprucht, da für jede Beobachtung aus den Lerndaten eine weitere Spalte an die Originaldaten angefügt wird. Da allerdings weit entfernte "Nachbarn" weniger interessant sind, kann man sich dazu entscheiden je nach Umfang des Lerndatensatzes nur einen Teil der Nächsten Nachbarn an die Originaldaten anzufügen.

Da das Ziel der Arbeit darin besteht durch den zusätzlichen Informationsgehalt der Nächsten Nachbarn eine Verbesserung von bereits etablierten Verfahren herbeizuführen, wurde zuvor überprüft wie gut eine rein auf den Nächsten Nachbarn basierende logistische Regression abschneidet. In den Auswertungen von Kapitel 4 und 5 stellt sich heraus, dass eine logistische Regression, welche ausschließlich

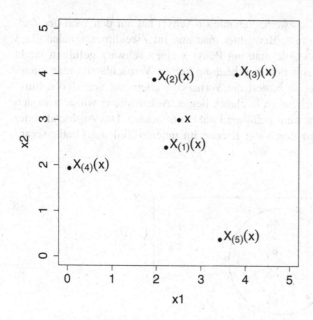

Abb. 2.1: Bestimmung der Nächsten Nachbarn (euklidische Distanzmetrik).

auf den 3 bzw. 10 Nächsten Nachbarn basiert (nachfolgend als *logit.nn3* und *logit.nn10* bezeichnet), mit dem weitaus flexibleren k-Nächste Nachbarn Algorithmus konkurrieren kann. Vergleichbare Ergebnisse liefert der penalisierte Lasso-Ansatz (*lasso.nn10*), wodurch gewährleistet ist, dass dieses Verfahren die in den Nächsten Nachbarn enthaltenen Informationen verwerten kann.

2.1.2 Richtungsbezogene Nächste Nachbarn

Bei den generellen Nächsten Nachbarn kommt es jedoch zu Problemen sobald uninformative Kovariablen in deren Berechnung einfließen. Es sollten nur Kovariablen zur Bestimmung der Distanzen herangezogen werden, welche auch einen Bezug zur Zielgröße haben (vgl. Ripley (1996), S.197). Abbildung 2.2 verdeutlicht die Gefahr, welche von nicht-informativen Kovariablen ausgeht. Der Wert der Zielvariable (dargestellt durch die Füllung) hängt in diesem Beispiel ausschließlich von ihrer Lage auf der x-Achse ab, was durch die gestrichelte Linie veranschaulicht wird. Die zweite Variable (y-Achse) hat auf den Wert der Zielvariable gar keinen Einfluss. Betrachtet man nun im Zweidimensionalen die 3 nächsten Nachbarn, so würde man am Punkt **x** einen schwarz gefüllten Punkt vorhersagen und somit eine Fehlentscheidung treffen. Vernachlässigt man hingegen die zweite Variable, so basiert die Vorhersage allein auf den Beobachtungen, welche in dem gestrichelten Rechteck liegen. Anhand derer würde man sich korrekterweise für einen weiß gefüllten Punkt entscheiden. Das Ausblenden der zweiten Kovariable wird durch die Kreuze im unteren Teil der Grafik veranschaulicht.

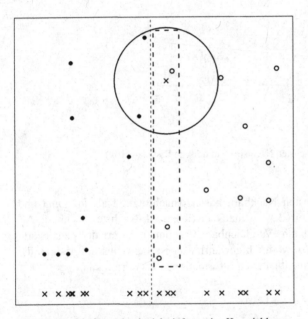

Abb. 2.2: Verfälschung durch nicht-informative Kovariablen
(Abbildung nach Hastie et al. (2009), Figure 2.7, S.25)

Diese direktionalen Nächsten Nachbarn werden analog zu ihren generellen Pendants ermittelt. Der einzige konkrete Unterschied besteht darin, dass die Distanzen jeweils nur hinsichtlich einer Richtung (entspricht einer Kovariablen) berechnet werden. Die Notation sieht vor, dass die zu Grunde liegende Richtung im Exponenten festgehalten wird. Daher bezeichnet $y_{(k)}^m(\mathbf{x}_i)$ die Zielvariablenausprägung des k-ten direktionalen Nächsten Nachbarn zur Beobachtung $\mathbf{x}_i$ in Bezug auf die m-te Kovariable.

Die erweiterten Daten

Lerndaten: $(y_i, y_{(1)}(\mathbf{x}_i), \ldots, y_{(n_L-1)}(\mathbf{x}_i), \ldots, y_{(1)}^m(\mathbf{x}_i), \ldots, y_{(n_L-1)}^m(\mathbf{x}_i), \ldots, \mathbf{x}_i)$,
für $i = 1, \ldots, n_L$ und $m = 1, \ldots, p$

Testdaten: $(y_{(1)}(\widetilde{\mathbf{x}}_i), \ldots, y_{(n_L)}(\widetilde{\mathbf{x}}_i), \ldots, y_{(1)}^m(\widetilde{\mathbf{x}}_i), \ldots, y_{(n_L)}^m(\widetilde{\mathbf{x}}_i), \ldots, \widetilde{\mathbf{x}}_i)$,
für $i = 1, \ldots, n_A$ und $m = 1, \ldots, p$

umfassen nun neben den Originaldaten sowohl die Klassenzugehörigkeiten der generellen Nächsten Nachbarn als auch diejenigen der direktionalen Nächsten Nachbarn aus den Lerndaten. Da die Originaldaten p Kovariablen umfassen, existieren p unterschiedliche direktionale Nächste Nachbarn, welche den Datensatz enorm vergrößern. Rein theoretisch sind auch direktionale Nächste Nachbarn berechenbar, welche auf mehreren Kovariablen basieren.

Für den Fall, dass ein großer Trainingsdatensatz zur Verfügung steht, könnte man meinen, dass man genug Beobachtungen nahe dem Zielpunkt $\mathbf{x}$ findet, welche sich dementsprechend ähnlich wie der zu untersuchende Punkt verhalten sollten. Dies gilt allerdings nicht wenn zu viele Kovariablen genutzt werden, denn dann schlägt der sogenannte "Fluch der Dimensionen" zu, welcher erstmals von Bellman (1961) erwähnt wurde. In Anhang A findet sich eine Veranschaulichung des Fluchs der Dimensionen. Bei auf den Nächsten Nachbarn basierenden Schätzern schlägt dieser Fluch besonders stark zu. Er hat zur Folge, dass bei konstanter Beobachtungsanzahl und wachsender Dimension die Abstände zwischen den Beobachtungen immer größer werden. Folglich wird auch die Umgebung der nächsten Nachbarn größer. Dies wiederum hat zur Folge, dass die Schätzer mit steigender Dimension immer ungenauer werden.

Dieses Problem versucht man dadurch zu umgehen, dass man die Nächsten Nachbarn getrennt für die einzelnen Richtungen, d.h. Kovariablen ermittelt. Hierdurch entstehen zwar Unmengen an neuen Variablen, welche einen unterschiedlich großen Informationsgehalt besitzen – allerdings wird hierdurch das Problem der uninformativen Nächsten Nachbarn behoben. Indem man Summen der einzelnen Richtungen bildet anstatt alle Nächsten Nachbarn einzeln zu übergeben, lässt sich die Variablenanzahl deutlich verringern.

2.1.3 Summen als Prädiktor

Anstatt die Klassenzugehörigkeiten aller k-Nächsten Nachbarn und somit eine Vielzahl an Prädiktoren zusätzlich in das Modell mit aufzunehmen, besteht die Möglichkeit diese Information mittels der Anzahl an zur Klasse 1 gehörenden Beobachtungen unter den k-Nächsten Nachbarn zu berücksichtigen. Hierbei wird analog zu den generellen und richtungsbezogenen Nächsten Nachbarn zwischen den generellen Summen der Nächsten Nachbarn

$$sg_{(k)}(\mathbf{x}_i) = \sum_{j=1}^{k} y_{(j)}(\mathbf{x}_i)$$

und den direktionalen/richtungsbezogenen Summen der Nächsten Nachbarn in Bezug auf die m-te Kovariable

$$sd_{(k)}^{m}(\mathbf{x}_i) = \sum_{j=1}^{k} y_{(j)}^{m}(\mathbf{x}_i)$$

unterschieden.

Hierdurch gehen zwar Informationen verloren, da nicht mehr unterschieden wird, welcher Nachbar welche Klassenausprägung besitzt, allerdings reduziert sich dadurch die Anzahl an neu hinzukommenden Prädiktoren erheblich. Diese komprimierte Information kann zum Beispiel dem linearen Prädiktor des logistischen Modells für die bedingte Wahrscheinlichkeit $P(y_i|s_{i(m)}, \mathbf{x}_i)$ linear

$$\eta_i = \beta_0 + s_{(k)}(\mathbf{x}_i)\gamma \, (+ \mathbf{x}_i^T \beta)$$

angefügt werden. Bei $s_{(k)}(\mathbf{x}_i)$ kann es sich sowohl um eine generelle als auch eine direktionale Summe der k-Nächsten Nachbarn handeln. $(+\mathbf{x}_i^T \beta)$ steht für eine optionale Aufnahme der Kovariablen in den linearen Prädiktor. Darüber hinaus ist auch eine flexible Übergabe mittels der Funktion $f(\cdot)$

$$\eta_i = \beta_0 + f(s_{(k)}(\mathbf{x}_i)) \, (+ \mathbf{x}_i^T \beta)$$

denkbar, allerdings wurde dieser Ansatz in dieser Arbeit nicht näher untersucht. Auch die gleichzeitige Aufnahme mehrerer Summen, die nicht zwingend dem selben Summentyp entsprechen müssen, ist möglich.

$$\eta_i = \beta_0 + \sum_{k \in \{5,10,25\}} sg_{(k)}(\mathbf{x}_i)\gamma_{sg_{(k)}} + \sum_{k \in \{5,10,25\}} \sum_{m=1}^{p} sd_{(k)}^{m}(\mathbf{x}_i)\gamma_{sd_{(k)}^{m}} \, (+ \mathbf{x}_i^T \beta) = \mathbf{z}_i^T \theta$$

Die Kurzschreibweise besteht aus den Parametern

$$\theta = \{\beta_0, \beta_1, \dots, \beta_p, \gamma_{sg_{(5)}}, \gamma_{sg_{(10)}}, \gamma_{sg_{(25)}}, \dots, \gamma_{sd_{(5)}^{m}}, \gamma_{sd_{(10)}^{m}}, \gamma_{sd_{(25)}^{m}}, \dots\} \quad m = 1, \dots, p$$

sowie den Ausprägungen der i-ten Beobachtung

$$\mathbf{z}_i = \{1, x_{i1}, \ldots, x_{ip}, sg_{(5)}(\mathbf{x}_i), sg_{(10)}(\mathbf{x}_i), sg_{(25)}(\mathbf{x}_i), \ldots, sd^m_{(5)}(\mathbf{x}_i), sd^m_{(10)}(\mathbf{x}_i), sd^m_{(25)}(\mathbf{x}_i), \ldots\}$$

für $m = 1, \ldots, p$.

Nun stellt sich jedoch die Frage, ob die Summen auch wirklich die selbe Information wie die reinen Nächsten Nachbarn besitzen. Hierfür wurden die Missklassifikationsraten von *lasso.nn10*, welches auf den penalisierten 10 Nächsten Nachbarn beruht mit denen von *lasso.sg* verglichen, welches seine Informationen ausschließlich aus den generellen Summen der 5, 10 und 25 Nächsten Nachbarn bezieht. In Abbildung 2.3 ist deutlich zu erkennen, dass nichts gegen eine Verwendung der Summen anstelle aller einzelnen Nachbarn spricht. Versuche mit noch größeren Summen haben ebenso wie die Hinzunahme von $sg_{(1)}$ oder $sg_{(3)}$ zu keiner Verbesserung geführt. Daher werden ausschließlich die 5, 10 und 25er Summen als zusätzliche Parameter verwendet.

Modellname	Prädiktoren									
lasso.nn10	$y_{(1)}$	$y_{(2)}$	$y_{(3)}$	$y_{(4)}$	$y_{(5)}$	$y_{(6)}$	$y_{(7)}$	$y_{(8)}$	$y_{(9)}$	$y_{(10)}$
lasso.sg	$sg_{(5)}$	$sg_{(10)}$	$sg_{(25)}$							

Tabelle 2.1: Auflistung der Prädiktoren von *lasso.nn10* und *lasso.sg*.

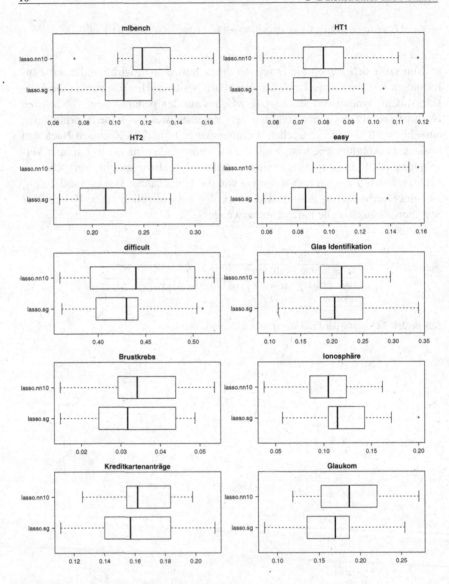

Abb. 2.3: Vergleich der Missklassifikationsraten von *lasso.nn10* und *lasso.sg* anhand der in den Kapiteln 4 und 5 eingeführten Datensätze.

Diese Summen werden sowohl in den Lasso Ansätzen aus Kapitel 3.5 als auch beim Random Forest (3.6) und Boosting (3.7) als zusätzliche Informationsquelle angewendet. Die genannten Verfahren haben die Eigenschaft gemein, dass sie im Stande sind Variablenselektion zu betreiben. Hierdurch wird versucht zu gewährleisten, dass vorrangig informative Kovariablen zur Klassifikation beitragen. Unter den zusätzlich übergebenen Summen versteht man sowohl die generellen, als auch die richtungsbezogenen Summen. In den nachfolgenden Simulationen werden die Summen der 5, 10 und 25 Nächsten Nachbarn verwendet. Nachfolgend werden unterschiedliche Konstellationen zur Güteverbesserung untersucht.

Modellname	Prädiktoren
.cov	$x_1 \ldots x_p$
.cov.sg	$x_1 \ldots x_p \; sg_{(5)} \; sg_{(10)} \; sg_{(25)}$
.cov.sd	$x_1 \ldots x_p \; sd^1_{(5)} \; sd^1_{(10)} \; sd^1_{(25)} \; \ldots \; sd^p_{(5)} \; sd^p_{(10)} \; sd^p_{(25)}$
.cov.sg.sd	$x_1 \ldots x_p \; sg_{(5)} \; sg_{(10)} \; sg_{(25)} \; sd^1_{(5)} \; sd^1_{(10)} \; sd^1_{(25)} \; \ldots \; sd^p_{(5)} \; sd^p_{(10)} \; sd^p_{(25)}$

Tabelle 2.2: Auflistung der Modellbezeichnungen inklusive der verwendeten Prädiktoren. Der Namenszusatz *.cov* deutet darauf hin, dass sämtliche Kovariablen im Modell enthalten sind. Mittels *.sg* wird aufgezeigt, dass die Summen der 5, 10 und 25 Nächsten Nachbarn (generelle Distanz) zusätzlich als Prädiktoren in das Modell aufgenommen werden. Und durch *.sd* wird ausgedrückt, dass die Summen der 5, 10 und 25 Nächsten Nachbarn (richtungsabhängige Distanz) aller Kovariablen ebenfalls als Prädiktoren in das Modell eingehen.

Es ist allerdings zu beachten, dass hierdurch eine gewisse Art von Redundanz entsteht, da zum Beispiel die Summe der 10 Nächsten Nachbarn ebenfalls auf den 5 Nächsten Nachbarn basiert. Notationell werden die Summen folgendermaßen gekennzeichnet:

Generelle Summen werden durch *.sg* gekennzeichnet, gefolgt von der Anzahl an in der Summe enthaltenen Nächsten Nachbarn.

sg.Anzahl

Direktionale Summen unterschieden sich dahingehend, dass sie *.sd* als Präfix haben, dem die Richtung (= Kovariable) nachfolgt, auf welche sich die Nachbarn beziehen.

sd.Richtung.Anzahl

Beispielsweise bezeichnet *sg.a.25* $(= sd^a_{(25)})$ die Summe der 25 Nächsten Nachbarn in Bezug auf die Richtung a. Handelt es sich bei a um die erste Variable so ist dies mit *sg.1.25* $(= sd^1_{(25)})$ gleichbedeutend.

2.2 Modifikation der Nächste Nachbarn Ermittlung

Es gibt verschiedene Möglichkeiten die Ermittlung der Nächsten Nachbarn zu beeinflussen. Nachfolgend werden die wichtigsten vorgestellt.

2.2.1 Distanzmaße

Das gewählte Distanzmaß hat einen großen Einfluss auf die Bestimmung der Nächsten Nachbarn. Dem Anwender stehen eine Auswahl diverser Distanzmaße zur Verfügung (vgl. Ripley (1996), S.197). Am bekanntesten sind die Manhattan-Metrik

$$d(\mathbf{u}, \mathbf{v}) = \|\mathbf{u} - \mathbf{v}\|_1 = \sum_{i=1}^{p} |u_i - v_i|$$

sowie die Euklidische-Metrik

$$d(\mathbf{u}, \mathbf{v}) = \|\mathbf{u} - \mathbf{v}\|_2 = \sqrt{\sum_{i=1}^{p} |u_i - v_i|^2},$$

welche beides Spezialfälle $(d = 1)$ und $(d = 2)$ der Minkowski-Distanz

$$d(\mathbf{u}, \mathbf{v}) = \|\mathbf{u} - \mathbf{v}\|_p = \left(\sum_{i=1}^{p} |u_i - v_i|^d \right)^{1/d}$$

darstellen (vgl. Cunningham und Delany (2007), S.3). Bei diesen Metriken ist allerdings darauf zu achten, dass die Kovariablen zuvor standardisiert werden müssen, denn ansonsten dominieren vorwiegend die Variablen, welche skalenmäßig in höheren Wertebereichen liegen. Eine Möglichkeit verschiedene Skalierungen und zugleich Korrelationen zu berücksichtigen bietet die Mahalanobis-Distanz

$$d(\mathbf{u}, \mathbf{v}) = \sqrt{(\mathbf{u} - \mathbf{v})^T \mathbf{A}^{-1} (\mathbf{u} - \mathbf{v})},$$

wobei $\mathbf{A}^{-1}$ für die inverse Kovarianzmatrix steht. Weitere Informationen über dieses Distanzmaß finden sich in Mahalanobis (1936).

2.2.2 Standardisierung

Es ist zu beachten, dass die Merkmale, anhand derer die Distanz berechnet werden soll, zuvor standardisiert werden müssen, sodass jede Kovariable den selben Anteil zur Distanzberechnung beiträgt (siehe Hastie et al. (2009) (S.465)). Je nach Skalenniveau der Kovariable wird die Standardisierung auf unterschiedliche Art und Weise durchgeführt.

Metrische Kovariablen werden standardisiert, indem man sie durch ihre Standardabweichung teilt. Eine Subtraktion des Mittelwertes ist möglich aber nicht zwingend notwendig, da dies keinen Einfluss auf die Distanzen zwischen den Beobachtungen hat.

Bei nominal- und ordinalskalierten Kovariablen verläuft die Standardisierung etwas anders und basiert auf den Vorschlägen von Hechenbichler und Schliep (2004) (S.4f). Ordinalskalierte Kovariablen mit m Klassen müssen zuerst in $m - 1$ Dummyvariablen umgewandelt werden. Für eine ordinale Kovariable mit 5 Klassen erhält man folgende 4 Dummyvariablen:

Klasse	v1	v2	v3	v4
1	1	1	1	1
2	0	1	1	1
3	0	0	1	1
4	0	0	0	1
5	0	0	0	0

Je stärker sich zwei Beobachtungen hinsichtlich einer ordinalen Kovariable unterscheiden desto größer ist die durch die Dummyvariablen erzeugte Differenz. Nominale Kovariablen werden auf ähnliche Art und Weise in Dummyvariablen umgewandelt. Hierzu wird für jede Kategorie eine eigene Dummyvariable erzeugt. Eine nominale Kovariable mit 5 Kategorien wird demnach in folgende 5 Dummyvariablen transformiert:

Klasse	v1	v2	v3	v4	v5
1	1	0	0	0	0
2	0	1	0	0	0
3	0	0	1	0	0
4	0	0	0	1	0
5	0	0	0	0	1

Anschließend müssen die Dummyvariablen noch geeignet standardisiert werden. Hechenbichler und Schliep (2004) schlagen eine Standardisierung aller Dummyvariablen, welche eine nominalskalierte (bzw. ordinalskalierte) Kovariable ersetzen, mit Hilfe des Faktors

$$\sqrt{\frac{1}{m}\sum_{i=1}^{m}\text{var}(v_i)} \qquad \left(\text{bzw.} \quad \sqrt{\frac{1}{m-1}\sum_{i=1}^{m-1}\text{var}(v_i)}\right)$$

vor. Durch die Gewichtung aller Dummyvariablen mit dem selben aus den einzelnen Varianzen ermittelten Faktor wird gewährleistet, dass alle Klassenabweichungen als symmetrisch angesehen werden. Allerdings müssen die Dummyvariablen noch mit dem Faktor $1/m$ (bzw. $1/(m-1)$ bei ursprünglich ordinalem Skalenniveau) gewichtet werden um zu verhindern, dass Kovariablen mit einer Vielzahl von Klassen ein höheres Gewicht erhalten. Denn ohne diese Gewichtung hätte jede Dummyvariable für sich das selbe Gewicht wie eine metrische Kovariable und würde dadurch die Distanzberechnung verfälschen.

Im Weiteren Verlauf wird die Standardisierung immer Anhand der Beobachtungen aus der Lernstichprobe durchgeführt und auf die zu klassifizierenden Daten übertragen. Dies hat den theoretischen Hintergedanken, dass man allein anhand der Lerndaten eine Entscheidungsregel aufstellen kann, welche zudem nicht durch die Anwendsungsdaten beeinflusst wird. Dies wäre zum Beispiel der Fall wenn die Ausprägungen einer oder mehrerer Kovariablen in den Anwendungsdaten sehr stark von denen in den Lerndaten abweichen.

Alternative Verfahren für den Umgang mit nominal- und ordinalskalierten Kovariablen finden sich zum Beispiel in Cost und Salzberg (1993).

2.2.3 Bindungsbrechung

Für den Fall, dass der Zielpunkt identische Distanzen zu Trainingsdaten aufweist, existieren diverse Methoden zur Bindungsbrechung. Nachfolgende Methoden sind in Devroye et al. (1996) (Kapitel 11.2, S.188) aufgeführt.

- Bindungsbrechung nach Indizes: Falls x_i und x_j den selben Abstand zum Zielpunkt x aufweisen, dann wird die Beobachtung mit kleinerem Index als näher festgelegt. Dies hat den Nachteil, dass Beobachtungen mit kleinem Index eine höhere Gewichtung haben als die restlichen Beobachtungen.
- Bindungsbrechung mittels zufälliger Komponenten: Durch Erweiterungen der Kovariablen mit einer von X und Y unabhängigen, reellwertigen Zufallsvariable U_i für jede Beobachtung treten Bindungen nur noch mit Wahrscheinlichkeit 0 auf. Allerdings ist es problematisch wenn die Werte dieser Zufallsvariablen zu groß werden, da dann die Distanz zu stark beeinflusst werden kann, sodass komplett andere Nachbarn ausgewählt werden. Dies hat

eine Verfälschung des Ergebnisses zur Folge, da es sich ja bei den Zufallsvariablen um nichtinformative Variablen handelt, welche eigentlich nur der Vermeidung von Bindungen dienen sollen.

- Bindungsbrechung mittels Randomisierung: Das Problem der zu stark beeinflussten Distanzberechnung lässt sich folgendermaßen beheben. Man ziehe die U_i's unabhängig von X und Y aus der Gleichverteilung zwischen 0 und 1. Anschließend berechnet man die Distanzen zum Zielpunkt $(\mathbf{x}, u)$ und nur im Falle einer Bindung entscheidet man mittels

$$|U_i - u| \leq |U_j - u|$$

welche Beobachtung näher an $\mathbf{x}$ liegt. Diese Vorgehensweise hat den Vorteil, dass die Zufallsvariable nur im Falle des Auftretens einer Bindung eine Rolle spielt. Da die Bindungsbrechung somit zufällig ist, wird im Gegensatz zum Indizesverfahren keine Beobachtung bevorzugt beziehungsweise benachteiligt.

Da die nachfolgend verwendeten Datensätze jedoch fast alle ausschließlich metrische Kovariablen besitzen, spielt die Bindungsbrechung in dieser Arbeit keine erwähnenswerte Rolle.

2.3 Gütemaße

Um die Güte eines Verfahrens bestimmen zu können stehen dem Anwender verschiedene Gütemaße zur Verfügung. In dieser Arbeit werden drei Ansätze genutzt, welche ihren Fokus auf verschiedene Merkmale legen. Grundsätzlich geht es bei binären Zielvariablen darum zu entscheiden ob ein Ereignis eintreten wird oder ausbleibt. Daher bietet es sich an die Modellgüte anhand des Vorhersagefehlers bzw. der Missklassifikationsrate zu messen. Diese gibt den Anteil an Beobachtungen aus dem Testdatensatz an, für den die Vorhersage $\hat{y}$ und der tatsächlich vorliegende Response y nicht übereinstimmen.

Die Berechnung der Missklassifikationsrate

$$\text{err}_{miss} = \frac{1}{n_A} \sum_{i=1}^{n_A} L_{01}(y_i, \hat{y}_i) = \frac{1}{n_A} \sum_{i=1}^{n_A} I(y_i \neq \hat{y}_i)$$

basiert auf der 0-1 Verlustfunktion $L_{01}(y, \hat{y})$.

Da allerdings bei vielen Verfahren die Vorhersage auf einer zuvor ermittelten Wahrscheinlichkeit $P(Y = 1|\tilde{\mathbf{x}})$ für das Auftreten des Ereignisses beruht, gehen bei der alleinigen Betrachtung der Missklassifikationsrate wichtige Informationen verloren. Wahrscheinlichkeiten im Bereich um die 50 Prozent, deuten auf eine hohe Ungewissheit in Bezug auf die Korrektheit der Zuordnung hin. Beobachtungen, welche hingegen sehr niedrige oder sehr hohe Wahrscheinlichkeiten für das Auftreten des Ereignisses aufweisen, werden mit einer gewissen Sicherheit zugeordnet. Um diese zusätzlichen Informationen zu berücksichtigen, werden sowohl die gemittelten Summen der absoluten Differenzen

$$\text{err}_{abs} = \frac{1}{n_A} \sum_{i=1}^{n_A} |y_i - P(Y_i = 1|\widetilde{\mathbf{x}}_i)|,$$

als auch die gemittelten Summen der quadrierten Differenzen

$$\text{err}_{squared} = \frac{1}{n_A} \sum_{i=1}^{n_A} (y_i - P(Y_i = 1|\widetilde{\mathbf{x}}_i))^2$$

ermittelt. Bei err_{abs} werden jegliche Abweichungen von der wahren Klasse bestraft. Auch Beobachtungen, welche dank eindeutiger Wahrscheinlichkeit einer Klasse zugeordnet wurden, tragen selbst im Falle einer korrekten Vorhersage einen geringen Teil zur Summe bei. Um diesen Effekt abzuschwächen und nur falsche Klassifikationen verstärkt zu bestrafen, wurde $\text{err}_{squared}$ in die Arbeit aufgenommen. Durch die Quadrierung der Differenzen wird der Beitrag von korreten Zuweisungen, welche auf eindeutigen Zuordnungen basierten nahezu gegen 0 gedrückt. Landet hingegen eine als relativ eindeutig zuordenbare Beobachtung in der falschen Klasse, so trägt dies verstärkt zur Erhöhung von $\text{err}_{squared}$ bei.

Um Vergleichbarkeit zu anderen Veröffentlichungen zu gewährleisten liegt das Hauptaugenmerk dieser Arbeit auf der Missklassifikationsrate. Sämtliche Ergebnisse liegen allerdings auch in den anderen beiden Gütemaßen vor. Sollten sich größere Unterschiede ergeben so wird konkret darauf hingewiesen.

2.4 Notation

Nachfolgende Notation wird durchgehend in dieser Arbeit angewendet.

$(y_i, \mathbf{x}_i)$	Beobachtung aus den Lern-/Trainingsdaten
n_L	Umfang der Lerndaten
$y_i \in \{0,1\}$	Zielvariable der i-ten Beobachtung
$y_i^* \in \{-1,1\}$	Alternative Kodierung der Zielvariablen der i-ten Beobachtung
$\mathbf{x}_i \in \mathbb{R}^p$	Kovariablenvektor der i-ten Beobachtung von der Länge p
$(\widetilde{\mathbf{x}}_i)$	bezeichnet eine zu klassifizierende Beobachtung aus den Anwendungs-/Testdaten
n_A	Umfang der Anwendungsdaten
$\hat{y}_i$	Vorhersage für die i-te Beobachtung aus den Anwendungsdaten
$y_{(k)}(\mathbf{x}_i)$	Klassenzugehörigkeit des k-ten Nächsten Nachbarn zum Punkt $(y_i, \mathbf{x}_i)$
$\mathbf{x}_{(k)}(\mathbf{x}_i)$	Kovariablenvektor des k-ten Nächsten Nachbarn des Punktes $(y_i, \mathbf{x}_i)$
$(y_{(k)}(\mathbf{x}_i), x_{(k)}(\mathbf{x}_i))$	k-te Nächste Nachbar des Punktes $(y_i, \mathbf{x}_i)$
$sg_{(k)}(\mathbf{x}_i)$	Generelle Summe der k-Nächsten Nachbarn. Dies entspricht der Anzahl an Beobachtungen unter den k-Nächsten Nachbarn des Punktes $(y_i, \mathbf{x}_i)$, welche der Klasse "1" angehören.
$sd_{(k)}^m(\mathbf{x}_i)$	Direktionalen/Richtungsbezogenen Summe der k-Nächsten Nachbarn in Bezug auf die m-te Kovariable. Analog zu $sg_{(k)}(\mathbf{x}_i)$ unter Berücksichtigung der m-ten Kovariablen zur Distanzberechnung zwischen den Punkten.
β	Vektor der Parameterschätzer für die p Kovariablen
γ	Vektor der Parameterschätzer für Summen
θ	Vereint Parameterschätzer des Intercepts, der Kovariablen, sowie der Summen
$\mathbf{z}_i$	Erweitert den Kovariablenvektor um die benötigten Summen sowie einen Gegenpart des Intercepts

Kapitel 3
Klassifikationsverfahren

In diesem Kapitel werden die in dieser Arbeit verwendeten Klassifikationsverfahren vorgestellt. Bei den ersten Verfahren handelt es sich um rein auf den Nächsten Nachbarn basierende Ansätze. Im Anschluss daran wird zu Vergleichszwecken kurz auf die lineare sowie quadratische Diskriminanzanalyse eingegangen. Die logistische Regression markiert das erste Verfahren, welches sowohl als klassisches Klassifikationsverfahren (basierend auf Kovariablen), als auch als Nächste Nachbarn Verfahren eingesetzt wird. Das Hauptaugenmerk dieses Kapitels liegt auf dem Lasso-Verfahren, sowie den Random Forest und Boosting Ansätzen. Diese sollen konkret mit Hilfe der Informationen aus den Nächsten Nachbarn verbessert werden. Zu guter letzt wird noch ein Ensemble Ansatz basierend auf dem Lasso-Verfahren vorgestellt. Bei allen Ansätzen wurden jedoch nicht alle Aspekte erläutert, sondern nur diejenigen, die in einem direkten Bezug zur Analyse binärer Daten stehen. Darüber hinaus sind die einzelnen Verfahren mit Quellenangaben versehen um ausführlichere Informationen über die unterschiedlichen Ansätze zur Verfügung zu stellen.

Um dieses Kapitel nicht ganz so theorielastig zu halten, werden die Klassifikationsverfahren direkt auf einen Simulationsdatensatz angewandt. Es handelt sich um die zweidimensionalen mlbench Daten, welche in Kapitel 4.1 genauer beschrieben werden. Die Wahl ist auf diesen Datensatz gefallen, da durch den zweidimensionalen Charakter die Visualisierung einiger Verfahren ermöglicht wird, was zu einem besseren Verständnis beitragen soll. Darüber hinaus ist – im Gegensatz zu realen Datensätzen – die zu Grunde liegende Struktur bekannt, was die Interpretation der Ergebnisse erleichtert. Dies macht sich insbesondere bei der Variablenwichtigkeit bemerkbar, da nachgeprüft werden kann, wie sich die Gewichtung auf die unterschiedlichen Parameter verteilt.

Neben der grundlegenden Theorie wird zu jedem Verfahren der Algorithmus als eine kurze Zusammenfassung des Verfahrens zur Verfügung gestellt. Darüber hinaus werden auch die Eigenschaften der Klassifikationsverfahren aufgeführt. Ein besonderes Augenmerk wird denjenigen Eigenschaften zuteil, welche sich auf die zusätzliche Aufnahme der Nächsten Nachbarn, bzw. deren Summen auswirken können.

Um die Reproduzierbarkeit zu gewährleisten wird zudem auf die konkrete Umsetzung der vorgestellten Verfahren eingegangen. Es werden sowohl die verwendeten R-Pakete, als auch die genutzen Funktionen aufgeführt. Zudem wird auf wichtige Änderungen der Defaulteinstellungen hingewiesen.

3.1 Nächste Nachbarn

Das von Fix und Hodges (1951, 1952) entwickelte Nächste Nachbarn Verfahren hat sich als eines der populärsten Klassifikationsmethoden etabliert. Trotz seiner relativ simplen Funktionsweise gehört es in vielen Klassifikationsproblemen zu den erfolgreichsten Verfahren (Friedman (1994) Seite 1). Die nachfolgend beschriebene Theorie dieses nicht-parametrischen Verfahrens ist in Agrawala (1977), Dasarathy (1991) und in der Arbeit von Silverman und Jones (1989) in etwas ausführlicherer Fassung nachzulesen.

3.1.1 k-Nächste Nachbarn

Um eine neue Beobachtung $\tilde{\mathbf{x}} \in \mathbb{R}^p$ zu klassifizieren, betrachtet man die Klassenzugehörigkeiten der k nächstgelegenen Punkte aus den Lerndaten $(y_i, \mathbf{x}_i)$, $i = 1, \ldots, n_L$ (sog. Nächsten Nachbarn) und entscheidet sich für die Klasse, welche am häufigsten unter den k-Nächsten Nachbarn vertreten ist. Hierfür müssen zuallererst die Nächsten Nachbarn bestimmt werden. Man ordne die Daten

$$(y_{(1)}, \mathbf{x}_{(1)}), \ldots, (y_{(n_L)}, \mathbf{x}_{(n_L)})$$

anhand von zunehmenden Distanzen $d(\tilde{\mathbf{x}}, \mathbf{x})$ hinsichtlich der zu klassifizierenden Beobachtung $\tilde{\mathbf{x}}$. Sollten identische Distanzen – sogenannte Bindungen – auftreten so werden Beobachtungen mit niedrigerem Index als näher definiert. Alternative Möglichkeiten der Bindungsbrechung wurden in Abschnitt 2.2.3 vorgestellt. Beim k-Nächste Nachbarn Verfahren *knn* ordnet man die neue Beobachtung $\tilde{\mathbf{x}} \in \mathbb{R}^p$ der Klasse zu, die am häufigsten unter den k nächsten Nachbarn

$$\left(y_{(1)}(\widetilde{\mathbf{x}}), \mathbf{x}_{(1)}(\widetilde{\mathbf{x}})\right), \ldots, \left(y_{(k)}(\widetilde{\mathbf{x}}), \mathbf{x}_{(k)}(\widetilde{\mathbf{x}})\right)$$

vertreten ist (Mehrheitsentscheid).

$\delta_{knn}(\widetilde{\mathbf{x}}) = r \Leftrightarrow$ Klasse r tritt am häufisten in $\left\{y_{(1)}(\widetilde{\mathbf{x}}), \ldots, y_{(k)}(\widetilde{\mathbf{x}})\right\}$ auf

Sollten mehrere Klassen gleich häufig auftreten, so entscheidet man sich zufällig für eine dieser Klassen.

Verwendet man hingegen das Nächste Nachbar Verfahren (*nn1*), so ist ausschließlich die Klassenzugehörigkeit des nächsten Nachbar $\left(y_{(1)}(\widetilde{\mathbf{x}}), \mathbf{x}_{(1)}(\widetilde{\mathbf{x}})\right)$ mit der geringsten Distanz

$$d(\widetilde{\mathbf{x}}, \mathbf{x}_{(1)}) = \min_{i=1,\ldots,n_L} \left(d(\widetilde{\mathbf{x}}, \mathbf{x}_i)\right)$$

zur neuen Beobachtung für die Vorhersage von Bedeutung. Es wird die Klasse des Nächsten Nachbarn ermittelt und die Zuordnung erfolgt dann in die Klasse, welcher auch der Nächste Nachbar angehört.

$$\delta_{nn1}(\widetilde{\mathbf{x}}) = y_{(1)}(\widetilde{\mathbf{x}})$$

Für gewöhnlich wird für die Distanz $d(.,.)$ die euklidische Distanzmetrik verwendet, allerdings muss es sich hierbei nicht um die beste Metrik handeln. Denn je nach Datenlage können andere Metriken zu besseren Klassifikationsergebnissen führen. Weitere gängige Metriken sind in Abschnitt 2.2.1 aufgeführt. Generell ist zu berücksichtigen, dass vor der Distanzberechnung – mit Ausnahme der Mahalanobis Distanz – alle Kovariablen standardisiert werden müssen, sodass nicht einzelne Variablen einen dominierenden Einfluss besitzen. Letzten Endes hat die Wahl der Metrik einen großen Einfluss auf die Güte des Verfahrens (Ripley (1996) Seite 191). Die Auswirkungen der gewählten Metrik lassen sich ganz gut am Spezialfall $k = 1$ veranschaulichen. Für $k = 1$ wird eine Voronoi-Zerlegung des angegebenen Raumes anhand von sogenannten Zentren durchgeführt (vgl. Aurenhammer und Klein (1996)). Jede Region enthält exakt ein Zentrum – dieses entspricht einer Beobachtung aus den Lerndaten – zu welchem die Punkte der zugehörigen Region die kürzeste Distanz aufweisen. Die Auswirkungen der unterschiedlichen Metriken ist in Abbildung 3.1 dargestellt. Je nachdem für welche Metrik man sich entscheidet, wird die Klassifizierung der neuen Beobachtung (als **x** dargestellt) von einem anderen Punkt aus den Lerndaten beeinflusst.

Darüber hinaus besitzt auch die Wahl der Anzahl an genutzten Nachbarn eine wichtige Rolle in Bezug auf die Güte des Verfahrens. Diesbezüglich konnten Cover und Hart (1967) nachweisen, dass die Nächste Nachbarn Regel *nn1* asymptotisch gesehen maximal doppelt so schlecht abschneidet wie die opti-

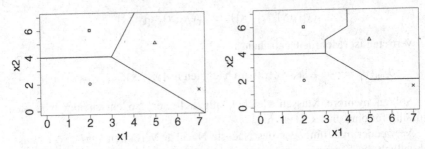

Abb. 3.1: Voronoi-Diagramm mit euklidischer Metrik (links) und Manhattan Metrik (rechts).
Die drei ausgesparten Formen repräsentieren die Lerndaten und das Kreuz steht für eine neue zu
klassifizierende Beobachtung $\tilde{x}$. Mittels der Linien wird veranschaulicht, welche Beobachtung
aus den Lerndaten für die Klassenzuordnung relevant ist.

male Bayes-Regel. Wählt man k größer, so kann dies in vielen Fällen die Klassifikationsgüte verbessern. Grundsätzlich reduziert eine erhöhte Anzahl an betrachteten Nachbarn die Variabilität des Klassifikators, allerdings geht dies mit
einer Eröhung des Bias einher. Demzufolge gilt es eine gute Balance zwischen Variabilität und Bias zu finden. Bei zu klein gewähltem k besitzt das Verfahren eine hohe Sensitivität gegenüber Ausreißern, was besonders in Grenzbere-
ichen mit Überschneidungen mehrerer Klassen zu Fehlklassifikationen führt. Ein
zu großes k hingegen verwendet voraussichtlich auch Beobachtungen aus anderen Clustern, was eine Klassifikation ebenso verfälscht. Im Extremfall $k = n_L$
wird sogar grundsätzlich die am häufigsten vertretene Klasse prognostiziert. Dementsprechend ist eine angemessene Wahl von k entscheidend um gute Ergebnisse zu erhalten. Eine Möglichkeit zur Optimierung dieses Hyperparameters
bietet die Anwendung einer Kreuzvalidierung. Zur besseren Veranschaulichung
sind die unterschiedlichen Fälle in Abbildung 3.2 dargestellt.

Ein weiterer wichtiger Faktor, der sich stark auf die Güte des Verfahrens
auswirkt, ist die Auswahl der verwendeten Variablen. In diversen Klassifikationsproblemen stehen dem Nutzer eine Vielzahl an Variablen zur Verfügung. Nimmt
man jedoch Variablen in das Modell auf, welche keine relevanten Informationen
enthalten oder vergisst man wichtige Variablen, so verschlechtern sich die Klassifikationsergebnisse merklich (vgl. Paik und Yang (2004) Seite 2). Vor diesem
Hintergrund ist zu erwähnen, dass bei den k-Nächste Nachbarn Verfahren der in
Anhang A vorgestellte Fluch der Dimensionen besonders stark zuschlägt. Einen
Ansatz um dieses Problem zu umgehen haben unter anderem Paik und Yang
(2004) ausgearbeitet.

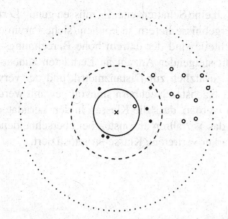

Abb. 3.2: **Wahl des Parameters k.** Relevante Nächste Nachbarn für den zu klassifizierenden Punkt **x**. $k = 1$ (——) $k = 7$ (- - -) $k = 17$ ($\cdots$)

(Abbildung nach Aßfalg et al. (2003), S.89)

Algorithmus 2 k-Nächste Nachbarn

---

1. Standardisiere alle Kovariablen.
2. Berechne die Distanzen zwischen der neuen Beobachtung $\widetilde{\mathbf{x}}$ und jeder Beobachtung aus den Lerndaten

$$d(\widetilde{\mathbf{x}}, \mathbf{x}_{(i)}), \quad \text{für } i = 1, \ldots, n_L$$

mit Hilfe einer geeigneten Distanzmetrik $d(\cdot, \cdot)$.
3. Ordne die Distanzen der Größe nach an:

$$\left(y_{(1)}(\widetilde{\mathbf{x}}), \mathbf{x}_{(1)}(\widetilde{\mathbf{x}})\right), \ldots, \left(y_{(k)}(\widetilde{\mathbf{x}}), \mathbf{x}_{(k)}(\widetilde{\mathbf{x}})\right)$$

4. Klassifiziere $\widetilde{\mathbf{x}}$ basierend auf einem Mehrheitsentscheid der Klassenzugehörigkeit der k-Nächsten Nachbarn.

$$\delta_{\text{knn}}(\widetilde{\mathbf{x}}) = r \Leftrightarrow \text{Klasse r tritt am häufisten in } \{y_{(1)}(\widetilde{\mathbf{x}}), \ldots, y_{(k)}(\widetilde{\mathbf{x}})\} \text{ auf}$$

Eigenschaften

Alles in allem verfügt der k-Nächste Nachbarn Ansatz über diverse Vorteile. Es handelt sich um ein einfach anzuwendendes Verfahren, welches gegenüber Ausreißern weitestgehend robust ist. Dies gilt zwar nicht für das *nn1* Verfahren, allerdings liefert es trotz seiner Einfachheit in einigen Ansätzen erstaunlich gute Ergebnisse. Darüber hinaus wird kein Wissen über die Verteilung benötigt. Allerdings hat das Verfahren auch eine Schattenseite. Es müssen genug Lerndaten vorhanden sein, um effektive Ergebnisse liefern zu können (siehe Parvin et al. (2008) Seite 1). Als weitere Nachteile sind der extrem hohe Berechnungs- sowie Speicheraufwand, welche mit steigender Anzahl an Lerndaten zunehmen, aufzuführen. Des Weiteren muss zusätzlich zur Distanzmetrik und der verwendeten Kovariablen die Anzahl der Nächsten Nachbarn sinnvoll gewählt werden. Und zu guter Letzt muss beachtet werden, dass die Klassen in den Lerndaten ungefähr gleich häufig auftreten, da das Verfahren ansonsten bei überschneidenden Klassengrenzen vorrangig die stärker vertretene Klasse prognostiziert.

Umsetzung

Die Umsetzung erfolgte mit Hilfe des R-Paketes *class* von Brian und Venables (2013). Die enthaltene Funktion *knn()* wurde für beide Ansätze verwendet. Das Hyperparametertuning für die Wahl des Parameters *k* bei *knn*, wurde durch eine 5-fache Kreuzvalidierung mit der Devianz als Schadensfunktion verwirklicht, um die optimale Anzahl an relevanten Nächsten Nachbarn in jedem Simulationsdurchlauf neu zu bestimmen.

Auswertung

Angewendet auf die Daten schneidet *nn1* (Missklassifikationsrate: Median = 0.151) eher schlecht ab (vgl. Abbildung 3.3). Die Verwendung mehrerer Nachbarn (*knn*) bewirkt eine deutliche Verbesserung der Ergebnisse, was vermutlich auf Unsicherheiten im Grenzgebiet zurückzuführen ist, welche bei *nn1* herrschen.

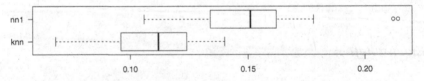

Abb. 3.3: Missklassifikationsraten von *nn1* und *knn*.

3.1.2 Gewichteter k-Nächste Nachbarn Algorithmus

Bei dem gewichteten k-Nächste Nachbarn Algorithmus handelt es sich um einen Ansatz, der die Auswirkung der Wahl von k etwas abschwächen soll. Diesem Algorithmus liegt die Idee zu Grunde, dass mit steigender Distanz des Nachbarn zur neuen Beobachtung $\widetilde{x}$ der Beitrag zur Klassifikation geringer ausfällt. Um dies umzusetzen verwendet man Kernfunktionen $K(\cdot)$, welche die Eigenschaft besitzen, dass sie bei einer Distanz von 0 ihren maximalen Wert annehmen, der mit zunehmender Distanz d abnimmt. Im nachfolgenden Algorithmus werden der Dreieckskern

$$K(d) = (1 - |d|) \cdot I(|d| \leq 1)$$

als auch der Gaußkern

$$K(d) = \frac{1}{\sqrt{2\pi}} \exp\left(-\frac{d^2}{2}\right)$$

verwendet. Weitere Kernfunktionen und ein etwas abgewandelter Algorithmus wurden im R-Paket *kknn* von Schliep und Hechenbichler (2013) umgesetzt. Ausführlichere Informationen hierzu finden sich in der Arbeit von Hechenbichler und Schliep (2004).

Zuallererst müssen wieder die Distanzen

$$d(\widetilde{x}, x_{(j)}(\widetilde{x})), \quad \text{für } j = 1, \ldots, k$$

der neuen Beobachtung $\widetilde{x}$ zu den k Nächsten Nachbarn ermittelt werden. Diese Distanzen werden daraufhin standardisiert um die Stärke der Gewichtung beeinflussen zu können. Hierfür bieten sich zwei unterschiedliche Ansätze an.

$$D(\widetilde{x}, x_{(j)}(\widetilde{x})) = \frac{d(\widetilde{x}, x_{(j)}(\widetilde{x}))}{\gamma} \tag{3.1}$$

$$D(\widetilde{x}, x_{(j)}(\widetilde{x})) = \frac{d(\widetilde{x}, x_{(j)}(\widetilde{x}))}{d(\widetilde{x}, x_{(k)}(\widetilde{x}))} \cdot \tau \tag{3.2}$$

Der erste Ansatz standardisiert alle Distanzen mit dem selben Wert. Ansatz (3.2) hingegen standardisiert die Distanzen mit Hilfe der Distanz zum k-ten Nächsten Nachbarn. Dadurch beschränkt man den Wertebereich vorerst auf das Intervall $[0, 1]$, welches durch den Hyperparameter τ wieder vergrößert werden kann. Dieser Ansatz bietet sich mit dem Zusatz $\tau = 1$ zum Beispiel bei der Verwendung des Dreieckkerns an, da dieser ausschließlich im Bereich $[0, 1]$ echt positive Werte liefert. Die standardisierten Distanzen werden an die gewählte Kernfunktion übergeben um die einzelnen Gewichte

$$w(\tilde{\mathbf{x}}, \mathbf{x}_{(j)}(\tilde{\mathbf{x}})) = \frac{K\left(D(\tilde{\mathbf{x}}, \mathbf{x}_{(j)}(\tilde{\mathbf{x}}))\right)}{\sum_{l=1}^{k} K\left(D(\tilde{\mathbf{x}}, \mathbf{x}_{(l)}(\tilde{\mathbf{x}}))\right)}$$

der k-Nächsten Nachbarn zu bestimmen. Die Klassenzugehörigkeiten der k-Nächsten Nachbarn gehen mit der ermittelten Gewichtung in die Prognose ein.

$$\delta_{\text{wknn}}(\tilde{\mathbf{x}}) = 1 \Leftrightarrow \hat{\pi}(\tilde{\mathbf{x}}) = \sum_{j=1}^{k} w(\tilde{\mathbf{x}}, \mathbf{x}_{(j)}(\tilde{\mathbf{x}})) y_{(j)}(\tilde{\mathbf{x}}) \geq 0.5$$

Eine Zuordnung in Klasse 1 wird vorgenommen, wenn die geschätzte Wahrscheinlichkeit $\hat{\pi}(\tilde{\mathbf{x}}) = \hat{P}(Y = 1|\tilde{\mathbf{x}})$ für eine Klassenzugehörigkeit zur Klasse 1 über 50% beträgt. Alternativ kann die Entscheidungsregel auch für transformierte Daten

$$y_i^* = 2y_i - 1 \Leftrightarrow y_i = (y_i^* + 1)/2, \quad y_i^* \in \{-1, 1\}$$

aufgestellt werden. Diese lautet

$$\delta_{\text{wknn}}(\tilde{\mathbf{x}}) = 1 \Leftrightarrow 2\hat{\pi}(\tilde{\mathbf{x}}) - 1 = \sum_{j=1}^{k} w(\tilde{\mathbf{x}}, \mathbf{x}_{(j)}(\tilde{\mathbf{x}})) y_{(j)}^*(\tilde{\mathbf{x}}) \geq 0.$$

Eigenschaften

Der größte Vorteil des gewichteten k-Nächste Nachbarn Algorithmus ist die abgeschwächte Auswirkung der Wahl des Hyperparameters k. Selbst wenn die Anzahl an Nächsten Nachbarn groß gewählt wird, so haben weiter entfernte Nachbarn je nach Wahl von k und der Kernfunktion eine deutlich geringere Gewichtung als Nachbarn, welche sich in direkter Nachbarschaft zum neuen Beobachtungspunkt befinden. Demzufolge wählt man k lieber etwas zu groß, als zu klein. Des Weiteren sind sowohl der k-Nächste Nachbar Klassifikator – bei Wahl eines Rechteckkerns – als auch die Nächste Nachbar Regel als Spezialfälle im gewichteten k-Nächste Nachbarn Algorithmus enthalten. Allerdings kann der gewichtete k-Nächste Nachbarn Algorithmus im Gegensatz zum k-Nächste Nachbar Klassifikator ausschließlich auf binäre Zielvariablen angewendet werden.

Umsetzung

Die gewichteten k-Nächste Nachbarn Ansätze wurden mit Hilfe einer selbst geschriebenen Prozedur verwirklicht. Zum Vergleich wurde jedoch auch die Funktion *kknn()* aus dem gleichnahmigen Paket von (Schliep und Hechenbichler (2013)) verwendet. Dieses Vergleichsverfahren wird nachfolgend als "wknn" bezeichnet. Ein Hyperparametertuning hinsichtlich der Anzahl an verwendeten Nachbarn hat bei keinem der Verfahren stattgefunden. Der Defaultwert von *kknn()* fällt mit $k = 7$ relativ klein aus, weshalb dieser auf 25 erhöht wurde. Die selbst programmierten Verfahren werden hingegen sowohl mit 25 als auch 50 Nächsten Nachbarn vorgestellt. Das einzig durchgeführte Hyperparametertuning bezieht sich auf die beiden Gewichtungsparameter γ und τ.

Auswertung

Nachfolgend wird das soeben vorgestellte Verfahren in unterschiedlichen Konfigurationen auf die mlbench Daten angewendet. Anhand der Namensgebung der einzelnen Klassifikatoren lassen sich die gewählten Einstellungen ablesen.

wknn.Gewichtung.k.Kern.Parameter

Das Präfix "wknn" deutet an, dass es sich um ein Verfahren handelt, welches auf den gewichteten Nächsten Nachbarn basiert. Anhand von "Gewichtung" lässt sich ablesen, ob die Gewichtung (3.1) oder (3.2) angewendet wurde. "k" hingegen gibt an, wie viele Nächste Nachbarn einen Einfluss besitzen. Nachfolgend werden 25 oder 50 Nachbarn verwendet. Als "Kern" stehen dem Nutzer der Dreieckskern (t = triangular) und der Gaußkern (g = gaussian) zur Wahl. Zu guter Letzt gibt "Parameter" je nach Wahl des Gewichtungsverfahrens den Wert von τ bzw. γ an. Sollte dieser Parameter per Hyperparametertuning bestimmt worden sein, so ist dies durch ein "opt" gekennzeichnet.

In Abbildung 3.4 kann man erkennen, dass Verfahren basierend auf der Gewichtung (3.1) etwas schlechter abschneiden als diejenigen der alternativen Gewichtung (3.2). Hierbei erlangt man durch die Verdoppelung der betrachteten Nächsten Nachbarn Anzahl von 25 auf 50 eine deutliche Verbesserung. Bei Verwendung der zweiten Gewichtung spielt die Anzahl der verwendeten Nachbarn eine untergeordnete Rolle, solange eine gewisse Untergrenze nicht unterschritten wird. *wknn.2.25.g.1* und *wknn.2.50.g.1*, welche auf der alternativen Gewichtung sowie Verwendung des Gaußkernes und einem festen Gewichtungsparameter basieren, schneiden genauso gut ab wie das ebenfalls ungetunte *wknn*. Er-

---

Algorithmus 3 Gewichtete k-Nächste Nachbarn

---

1. Standardisiere alle Kovariablen.
2. Berechne die Distanzen zwischen der neuen Beobachtung $\widetilde{x}$ und jeder Beobachtung aus den Lerndaten

$$d(\widetilde{x}, x_{(i)}), \quad \text{für } i = 1, \dots, n_L$$

mit Hilfe einer geeigneten Distanzmetrik $d(\cdot, \cdot)$.
3. Ordne die Distanzen der Größe nach an:

$$\left(y_{(1)}(\widetilde{x}), x_{(1)}(\widetilde{x}) \right), \dots, \left(y_{(k)}(\widetilde{x}), x_{(k)}(\widetilde{x}) \right)$$

4. Standardisiere die Distanzen anhand einer der nachfolgenden Ansätze:

$$D(\widetilde{x}, x_{(j)}(\widetilde{x})) = \frac{d(\widetilde{x}, x_{(j)}(\widetilde{x}))}{\gamma}, \quad \text{für } j = 1, \dots, k$$

$$D(\widetilde{x}, x_{(j)}(\widetilde{x})) = \frac{d(\widetilde{x}, x_{(j)}(\widetilde{x}))}{d(\widetilde{x}, x_{(k)}(\widetilde{x}))} \cdot \tau, \quad \text{für } j = 1, \dots, k$$

5. Berechne die Gewichte der k Nächsten Nachbarn

$$w(\widetilde{x}, x_{(j)}(\widetilde{x})) = \frac{K\left(D(\widetilde{x}, x_{(j)}(\widetilde{x})) \right)}{\sum_{l=1}^{k} K\left(D(\widetilde{x}, x_{(l)}(\widetilde{x})) \right)}, \quad \text{für } j = 1, \dots, k$$

wobei $K(\cdot)$ eine geeignete Kernfunktion darstellt.
6. Klassifiziere $\widetilde{x}$ basierend auf

$$\delta_{\text{wknn}}(\widetilde{x}) = 1 \Leftrightarrow \hat{\pi}(\widetilde{x}) = \sum_{j=1}^{k} w(\widetilde{x}, x_{(j)}(\widetilde{x})) y_{(j)}(\widetilde{x}) \geq 0.5$$

Bei alternativer Kodierung $y^* \in \{-1, 1\}$ sieht die Entscheidungsregel folgendermaßen aus:

$$\delta_{\text{wknn}}(\widetilde{x}) = 1 \Leftrightarrow 2\hat{\pi}(\widetilde{x}) - 1 = \sum_{j=1}^{k} w(\widetilde{x}, x_{(j)}(\widetilde{x})) y_{(j)}^*(\widetilde{x}) \geq 0.$$

---

staunlicherweise führt die Optimierung des Gewichtungsparameters zu schlechteren Ergebnissen. Die Verwendung des Dreieckskerns anstatt des Gaußkerns hat bei festem Gewichtungsparameter vergleichbare Missklassifikationsraten zur Folge. Beim Dreieckskern wurde hinsichtlich der Gewichtung absichtlich kein Hyperparametertuning durchgeführt, da bei der Wahl von $\tau = 1$ auf Grund der Eigenschaften des Dreieckskerns der k-te Nachbar sich gerade an der Grenze des Bereiches befindet, an der einer Beobachtung ein echt positives Gewicht zuteil wird.

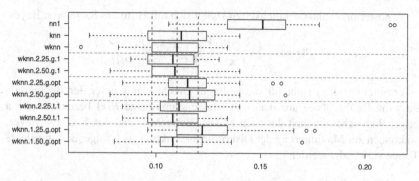

Abb. 3.4: Missklassifikationsraten der gewichteten k-Nächste Nachbarn Verfahren.

Generell gesehen befinden sich die Missklassifikationsraten der unterschied-lichen *wknn* Ansätze alle im Bereich des klassischen *knn* Klassifikators. Da allerdings das von Hechenbichler und Schliep (2004) entwickelte *wknn* Verfahren mit Werten von ($k = 25$), bei ähnlicher Klassifikationsmethodik in fast allen Simulationen ganz ohne Tuning zu gleichwertigen Ergebnissen geführt hat (siehe blaue Linien), wurde der selbst entwickelte *wknn* Ansatz im Rahmen dieser Arbeit nicht weiter verfolgt.

3.2 Lineare Diskriminanzanalyse

Die lineare Diskriminanzanalyse (LDA) stellt ein Verfahren zur Unterscheidung von zwei oder mehreren Klassen $\{1,\dots,k\}$ dar (siehe Hastie und Tibshirani (1996) Kapitel 4.3, Fahrmeir et al. (1996) Kapitel 8.2). Um eine optimale Klassifikation zu gewährleisten benötigt man die a posteriori Wahrscheinlichkeiten $P(Y = r|\widetilde{x})$ der einzelnen Klassen. Diese stellen ein Maß dafür dar, mit welcher Wahrscheinlichkeit eine neue Beobachtung an der Stelle $\widetilde{x}$, aus der Klasse r stammt. Definiert man die Diskriminanzfunktion $d_r(x)$ folgendermaßen,

$$d_r(\widetilde{x}) = P(r|\widetilde{x}), \quad \text{für } r = 1,\dots,k,$$

so ordnet die Entscheidungsregel δ_{LDA} eine neue Beobachtung an der Stelle $\widetilde{x}$ dann der Klasse r zu, wenn deren a posteriori Wahrscheinlichkeit maximal ist

$$\delta_{\text{LDA}}(\widetilde{x}) = r \Leftrightarrow d_r(\widetilde{x}) = \max_{i=1,\dots,k} d_i(\widetilde{x}).$$

A posteriori Wahrscheinlichkeiten lassen sich mit Hilfe des Satzes von Bayes

$$P(r|\widetilde{\mathbf{x}}) = \frac{f(\widetilde{\mathbf{x}}|r)P(r)}{f(\widetilde{\mathbf{x}})} = \frac{f(\widetilde{\mathbf{x}}|r)P(r)}{\sum_{i=1}^{k} f(\widetilde{\mathbf{x}}|i)P(i)}$$

ermitteln. $f(\widetilde{\mathbf{x}}|r)$ steht für die bedingte Dichte von $\widetilde{\mathbf{x}}$ unter der Bedingung, dass die Beobachtung aus der r-ten Klasse stammt und $P(r)$ bezeichnet die a priori Wahrscheinlichkeit der r-ten Klasse. Betrachtet man den Satz von Bayes, so können zur Maximierung der Diskriminanzfunktion auch folgende äquivalente Terme verwendet werden

$$d_r(\widetilde{\mathbf{x}}) = P(r|\widetilde{\mathbf{x}})$$
$$d_r(\widetilde{\mathbf{x}}) = f(\widetilde{\mathbf{x}}|r)P(r)/f(\widetilde{\mathbf{x}})$$
$$d_r(\widetilde{\mathbf{x}}) = f(\widetilde{\mathbf{x}}|r)P(r)$$
$$d_r(\widetilde{\mathbf{x}}) = \log(f(\widetilde{\mathbf{x}}|r)) + \log(P(r)).$$

Eine Grundannahme von LDA besagt, dass die gemessenen Beobachtungen der einzelnen Klassen alle einer (multivariaten) Normalverteilung folgen.

$$x|Y = r \sim N(\mu_r, \Sigma_r)$$

Das bedeutet, dass die Beobachtungen bei gegebener Klasse r normalverteilt um einen Punkt μ_r liegen, welcher sich für die einzelnen Klassen unterscheidet. Hinsichtlich der Kovarianzmatrix Σ existiert eine weitere wichtige Annahme der LDA, denn die Kovarianzen aller Klassen werden als identisch angenommen $\Sigma_1 = \ldots = \Sigma_k = \Sigma$. Setzt man die eben genannten Parameter ein, so erhält man folgende bedingte Dichte

$$f(\widetilde{\mathbf{x}}|r) = \frac{1}{(2\pi)^{p/2} |\Sigma_r|^{1/2}} \exp\left(-\frac{1}{2}(\widetilde{\mathbf{x}} - \mu_r)^T \Sigma_r^{-1}(\widetilde{\mathbf{x}} - \mu_r)\right)$$

und die zugehörige Diskriminanzfunktion

$$d_r(\widetilde{\mathbf{x}}) = \log(f(\widetilde{\mathbf{x}}|r)) + \log(P(r))$$
$$= -\frac{1}{2}(\widetilde{\mathbf{x}} - \mu_r)^T \Sigma_r^{-1}(\widetilde{\mathbf{x}} - \mu_r) - \frac{p}{2}\log(2\pi) - \frac{1}{2}\log(|\Sigma_r|) + \log(P(r)).$$

Demzufolge lässt sich der Vergleich zweier Klassen anhand diverser Ungleichungen durchführen, welche sich dank der allgemeinen Annahme $\Sigma_1 = \ldots = \Sigma_k = \Sigma$ auf einen namensgebenden linearen Term bezüglich $\widetilde{\mathbf{x}}$ vereinfachen lässt.

$$d_r(\widetilde{\mathbf{x}}) \geq d_s(\widetilde{\mathbf{x}}) \Leftrightarrow P(r|\widetilde{\mathbf{x}}) \geq P(s|\widetilde{\mathbf{x}})$$

$$\Leftrightarrow \frac{f(\widetilde{\mathbf{x}}|r)P(r)}{f(\widetilde{\mathbf{x}})} \geq \frac{f(\widetilde{\mathbf{x}}|s)P(s)}{f(\widetilde{\mathbf{x}})}$$

$$\Leftrightarrow f(\widetilde{\mathbf{x}}|r)P(r) \geq f(\widetilde{\mathbf{x}}|s)P(s)$$

$$\Leftrightarrow \log(f(\widetilde{\mathbf{x}}|r)) + \log(P(r)) \geq \log(f(\widetilde{\mathbf{x}}|s)) + \log(P(s))$$

$$\Leftrightarrow \log(f(\widetilde{\mathbf{x}}|r)) + \log(P(r)) - \log(f(\widetilde{\mathbf{x}}|s)) - \log(P(s)) \geq 0$$

$$\Leftrightarrow -\frac{1}{2}(\widetilde{\mathbf{x}} - \mu_r)^T \Sigma^{-1}(\widetilde{\mathbf{x}} - \mu_r) + \frac{1}{2}(\widetilde{\mathbf{x}} - \mu_s)^T \Sigma^{-1}(\widetilde{\mathbf{x}} - \mu_s) + \log(\frac{P(r)}{P(s)}) \geq 0$$

$$\Leftrightarrow \widetilde{\mathbf{x}}^T \Sigma^{-1}(\mu_r - \mu_s) - \frac{1}{2}\mu_r^T \Sigma^{-1}\mu_r + \frac{1}{2}\mu_s^T \Sigma^{-1}\mu_s + \log(\frac{P(r)}{P(s)}) \geq 0$$

Dies bedeutet, dass eine Beobachtung $\widetilde{\mathbf{x}}$, unter Voraussetzung identischer Klassenwahrscheinlichkeiten, dann der Klasse r zugeordnet wird, wenn die quadrierte Mahalanobis Distanz zwischen $\widetilde{\mathbf{x}}$ und dem Zentrum μ_r der Klasse r minimal ist. Sollten die Klassenwahrscheinlichkeiten unterschiedlich ausfallen, so verschiebt sich die Zuordnung um den Term $\log(P(r)/P(s))$. Demnach lautet die Entscheidungsregel im binären Fall

$$\delta_{\text{LDA}}(\widetilde{\mathbf{x}}) = \begin{cases} 1, \text{ falls } & \widetilde{\mathbf{x}}^T \Sigma^{-1}(\mu_1 - \mu_0) - \frac{1}{2}\mu_1^T \Sigma^{-1}\mu_1 + \frac{1}{2}\mu_0^T \Sigma^{-1}\mu_0 + \log(\frac{P(1)}{P(0)}) \geq 0 \\ 0, \text{ sonst} \end{cases}$$

Allerdings sind die wahren Parameter $\mu_1, \ldots, \mu_k$ und Σ unbekannt und müssen mit Hilfe der vorhandenen Lerndaten geschätzt werden

- $\hat{P}(r) = n_r/n_L$, wobei n_r der Anzahl an Beobachtungen aus Klasse r entspricht
- $\hat{\mu}_r = \sum_{\{i|y_i=r\}} x_i/N_r$
- $\hat{\Sigma}_r = \hat{\Sigma} = \sum_{l=1}^{k} \sum_{\{i|y_i=r\}} (x_i - \hat{\mu}_l)(x_i - \hat{\mu}_l)^T /(n_L - k)$

Für die Ermittlung der Klassenzentren wird das arithmetische Mittel der zugehörigen Beobachtungen herangezogen. Die Kovarianz hingegen wird durch die gepoolte empirische Kovarianz geschätzt.

Eine alternative Herleitung, welche ohne die Annahme der Normalverteilung auskommt, wurde von Fisher (1936) vorgestellt.

Algorithmus 4 Lineare Diskriminanzanalyse

1. Die Grundannahme, dass die Beobachtungen der k einzelnen Klassen einer (multivariaten) Normalverteilung

   $$x|Y = r \sim N(\mu_r, \Sigma) \quad \text{für } r = 1, \ldots, k$$

   mit identischen Kovarianzmatrizen folgen, sollte weitestgehend erfüllt sein.

2. Berechne die Schätzer der Parameter $\mu_1, \ldots, \mu_k$ der k Klassen sowie Σ und die a priori Wahrscheinlichkeiten:

   - $\hat{P}(r) = n_r/n_L$, wobei n_r der Anzahl an Beobachtungen aus Klasse r entspricht
   - $\hat{\mu}_r = \sum_{\{i|y_i=r\}} x_i / N_r$
   - $\hat{\Sigma}_r = \hat{\Sigma} = \sum_{l=1}^{k} \sum_{\{i|y_i=r\}} (x_i - \hat{\mu}_l)(x_i - \hat{\mu}_l)^T / (n_L - k)$

3. Berechne die Diskriminanzfunktionen für $r = 1, \ldots, k$

   $$d_r(\tilde{\mathbf{x}}) = -\frac{1}{2} (\tilde{\mathbf{x}} - \mu_r)^T \Sigma_r^{-1} (\tilde{\mathbf{x}} - \mu_r) - \frac{p}{2} \log(2\pi) - \frac{1}{2} \log(|\Sigma_r|) + \log(P(r))$$

4. Ordne die neue Beobachtung der Klasse zu, welche die maximale Diskriminanzfunktion besitzt:

   $$\delta_{\text{LDA}}(\tilde{\mathbf{x}}) = r \Leftrightarrow d_r(\tilde{\mathbf{x}}) = \max_{i=1,\ldots,k} d_i(\tilde{\mathbf{x}}).$$

Eigenschaften

Die Vorteile der linearen Diskriminanzanalyse liegen in ihrer einfachen Struktur und der damit verbundenen einfachen Interpretation. Eine Veranschaulichung der LDA ist in Abbildung 3.5 dargestellt. Man erkennt, dass die Trenngerade in diesem Beispiel exakt die Mitte der gedachten Verbindungslinie beider Klassenmittelpunkte (Rechtecke) schneidet, da beide Klassen die selbe a priori Wahrscheinlichkeit aufweisen. Für den Fall, dass die Klassenwahrscheinlichkeiten nicht identisch sind, verschiebt sich die Trennungslinie in Richtung der Klasse mit der geringeren a priori Wahrscheinlichkeit. Ein entscheidender Nachteil des Verfahrens liegt darin, dass das Verfahren relativ instabil ist sobald eine größere Anzahl an Variablen verwendet werden sollen. Auch extreme Ausreisser stellen ein Problem dar, da diese in der Lage sind die Trenngerade zu verfälschen.

Umsetzung

Die verwendete Funktion *lda()* ist Teil des *MASS* Paketes von Brian et al. (2013). Es waren keine weiteren Anpassungen notwendig.

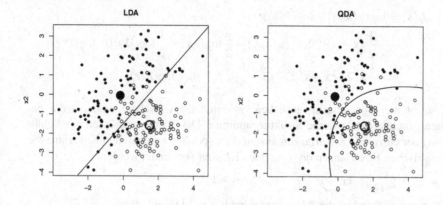

Abb. 3.5: Entscheidungsregel nach LDA (links) und QDA (rechts), erstellt anhand von 200 Lerndaten aus dem ersten Durchlauf der mlbench-Simulation. Die vergrößerten Punkte stellen die Klassenmittelpunkte dar.

Auswertung

Die abgebildeten Daten stammen aus dem ersten Durchlauf des in Kapitel 4 näher beschriebenen mlbench Datensatzes. Es ist deutlich zu erkennen, dass die mlbench Daten keine lineare Struktur in Bezug auf die beiden Klassengruppierungen aufweisen. Missklassifikationsraten von über 15% sind die Folge (Abbildung 3.6). In solch einem Fall lassen sich Verbesserungen durch die Verwendung von flexibleren Trennmethoden, wie zum Beispiel der quadratischen Diskriminanzanalyse, erzielen.

3.3 Quadratische Diskriminanzanalyse

Im Gegensatz zur linearen Diskriminanzanalyse wird bei der quadratischen Diskriminanzanalyse (QDA) nicht angenommen, dass die Kovarianzmatrizen Σ_r der einzelnen Klassen identisch sind (Hastie und Tibshirani (1996) Seite 110). Demzufolge fallen die Annahmen der QDA weniger restriktiv aus als die der LDA. Allerdings ist nun der Vergleich zweier Klassen komplexer, da sich die quadratischen Summanden $-\frac{1}{2}\widetilde{\mathbf{x}}^T \Sigma_r^{-1} \widetilde{\mathbf{x}}$ der Diskriminanzfunktionen

$$d_r(\widetilde{\mathbf{x}}) = \log(f(\widetilde{\mathbf{x}}|r)) + \log(P(r))$$

$$= -\frac{1}{2}(\widetilde{\mathbf{x}} - \mu_r)^T \Sigma_r^{-1}(\widetilde{\mathbf{x}} - \mu_r) - \frac{p}{2}\log(2\pi) - \frac{1}{2}\log(|\Sigma_r|) + \log(P(r))$$

$$= -\frac{1}{2}\widetilde{\mathbf{x}}^T \Sigma_r^{-1}\widetilde{\mathbf{x}} + \widetilde{\mathbf{x}}^T \Sigma_r^{-1}\mu_r - \frac{1}{2}\mu_r^T \Sigma_r^{-1}\mu_r + \log(P(r)).$$

nicht mehr gegenseitig aufheben, wodurch die Entscheidungsregel die namensgebende quadratische Struktur annimmt. Des Weiteren müssen zur Schätzung der einzelnen Kovarianzen anstatt der gepoolten empirischen Kovarianz die empirischen Kovarianzen der einzelnen Klassen verwendet werden.

- $\hat{\Sigma}_r = \sum_{\{i|y_i=r\}} (x_i - \hat{\mu}_r)(x_i - \hat{\mu}_r)^T / (n_L - k)$

Dementsprechend ist der Algorithmus analog zu LDA aufgebaut.

Eigenschaften

Obwohl die quadratische Diskriminanzanalyse deutlich flexibler ist als ihr lineares Pendant, muss das nicht heißen, dass QDA generell besser ist. In Abbildung 3.5 erkennt man zwar, dass QDA die mlbench Daten deutlich besser zu trennen vermag. Allgemein gilt, dass QDA zwar flexibler sein mag als LDA, jedoch müssen dafür auch zusätzliche Parameter geschätzt werden. Marks und Dunn (1974) haben zudem nachgewiesen, dass im Falle von kleinen Lerndatensätzen und sich nicht stark voneinander unterscheidenden Kovariablen, die lineare Diskriminanzanalyse bessere Ergebnisse liefert als die Quadratische. Weitere Eigenschaften beider Verfahren lassen sich in Nothnagel (1999) in Kapitel 3.2 und 3.4 nachlesen.

Sowohl LDA als auch QDA haben ihre Vor- und Nachteile. Aus diesem Grund hat Friedman (1989) (nachzulesen in Hastie und Tibshirani (1996) Kapitel 4.3.1) ein Verfahren namens "Regularisierte Diskriminanzanalyse" vorgeschlagen, welches einen Kompromiss aus beiden Verfahren darstellt.

Umsetzung

Analog zu *lda()* ist auch *qda()* Teil des *MASS* Paketes von Brian et al. (2013). Um Probleme beim Auftreten von exakter Multikollinearität zu umgehen, ist es in diversen Fällen notwendig die Daten mit einem geringen Rauschen zu versehen.

Auswertung

Wie bereits bei der Betrachtung von Abbildung 3.5 vermutet wurde, lassen sich die mlbench Daten mit Hilfe der quadratischen Diskriminanzanalyse deutlich besser trennen. Dies spiegelt sich auch in den Missklassifikationsraten wieder.

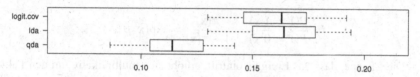

Abb. 3.6: Missklassifikationsraten von LDA, QDA sowie logit.cov.

3.4 Logistische Regression

Ziel der Logistischen Regression (LR) ist es das sparsamste Modell zu finden, welches die Beziehung zwischen der abhängigen Variable y und den unabhängigen Variablen $\mathbf{x}$ am besten beschreibt. Wie auch die zuvor behandelte LDA, findet die LR vor allem in binären Klassifikationsproblemen, welche linear trennbar sind, Anwendung. Da keine Annahmen hinsichtlich der Verteilung der erklärenden Variablen getroffen werden, stellt dieser Ansatz ein relativ robustes, sowie flexibles und darüber hinaus gut interpretierbares Verfahren dar (Pohar et al. (2004) Seite 144). Des Weiteren ist die LR auch auf den Mehrklassenfall anwendbar (siehe Hosmer und Lemeshow (1989) Seite 216). Nachfolgende Theorie ist in Agresti (2002) (Kapitel 5) oder Agresti (2007) (Kapitel 4) nachzulesen.

Die bedingte Wahrscheinlichkeit $\pi(\widetilde{\mathbf{x}}) = P(Y = 1|\widetilde{\mathbf{x}})$ für das Auftreten eines Ereignisses wird über die Formel

$$\pi(\widetilde{\mathbf{x}}) = \frac{\exp(\beta_0 + \beta_1\widetilde{x}_1 + \ldots + \beta_p\widetilde{x}_p)}{1 + \exp(\beta_0 + \beta_1\widetilde{x}_1 + \ldots + \beta_p\widetilde{x}_p)} = \frac{\exp(\widetilde{\mathbf{x}}^T\beta)}{1 + \exp(\widetilde{\mathbf{x}}^T\beta)}$$

mit $\widetilde{\mathbf{x}}^T = \{1, \widetilde{x}_1, \ldots, \widetilde{x}_p\}$ und $\beta = \{\beta_0, \beta_1, \ldots, \beta_p\}$ ermittelt. Hierdurch ist gewährleistet, dass die Wahrscheinlichkeiten ausschließlich Werte zwischen 0 und 1 annehmen können. Durch geeignete Transformation (sog. Logit Transformation), erhält man die namensgebende Form

$$\text{logit}(\pi(\widetilde{\mathbf{x}})) = \log\left(\frac{\pi(\widetilde{\mathbf{x}})}{1 - \pi(\widetilde{\mathbf{x}})}\right) = \widetilde{\mathbf{x}}^T \beta.$$

Obwohl es sich um dieselbe Modellform handelt wie bei LDA, muss man beachten, dass die Parameter auf unterschiedliche Arten ermittelt werden (Hastie et al. (2009) Seite 127). Das Exponenzieren beider Seiten stellt die Chance für das Auftreten des Ereignisses dar

$$\frac{P(Y = 1|\widetilde{\mathbf{x}})}{P(Y = 0|\widetilde{\mathbf{x}})} = \frac{\pi(\widetilde{\mathbf{x}})}{1 - \pi(\widetilde{\mathbf{x}})} = \exp(\widetilde{\mathbf{x}}^T \beta).$$

Die Chance, dass das Ereignis eintritt, erhöht sich multiplikativ um den Faktor $\exp(\beta_l)$ bei jedem Anstieg um eine Einheit in x_l, unter der Bedingung, dass die restlichen Variablen gleich bleiben. Im Zweiklassenfall lautet die Entscheidungsregel

$$\delta_{\text{LR}}(\widetilde{\mathbf{x}}) = \begin{cases} 1, \text{ falls} & \pi(\widetilde{\mathbf{x}}) = P(Y = 1|\widetilde{\mathbf{x}}) = \frac{\exp(\widetilde{\mathbf{x}}^T \beta)}{1 + \exp(\widetilde{\mathbf{x}}^T \beta)} \geq 0.5 \\ 0, \text{ sonst.} \end{cases}$$

Allerdings sind die Parameter β unbekannt und müssen zuerst mit Hilfe der Lerndaten geschätzt werden. Die Schätzung der $p + 1$ Parameter erfolgt über die Maximierung der Likelihood. Der Beitrag eines einzelnen Punktes $(y_i, \mathbf{x}_i)$ beläuft sich auf

$$\pi(\mathbf{x}_i)^{y_i}(1 - \pi(\mathbf{x}_i))^{1-y_i}.$$

Da angenommen wird, dass die Punkte voneinander unabhängig sind, entspricht die Likelihood dem Produkt der Einzelbeiträge.

$$L(\beta) = \prod_{i=1}^{n_L} \pi(\mathbf{x}_i)^{y_i}(1 - \pi(\mathbf{x}_i))^{1-y_i}$$

Um die Maximierung aus mathematischer Sicht zu vereinfachen wird die Likelihood logarithmiert um die sog. Log-Likelihood

$$\begin{aligned} l(\beta) &= \log(L(\beta)) \\ &= \sum_{i=1}^{n_L} (y_i \log(\pi(\mathbf{x}_i)) + (1 - y_i)\log(1 - \pi(\mathbf{x}_i))) \\ &= \sum_{i=1}^{n_L} \left(y_i \log\frac{\pi(\mathbf{x}_i)}{1 - \pi(\mathbf{x}_i)} + \log(1 - \pi(\mathbf{x}_i))\right) \end{aligned}$$

$$= \sum_{i=1}^{n_L} \left(y_i(\mathbf{x}_i^T \beta) + \log(1 - \pi(\mathbf{x}_i)) \right)$$

$$= \sum_{i=1}^{n_L} \left(y_i(\mathbf{x}_i^T \beta) - \log(1 + \exp(\mathbf{x}_i^T \beta)) \right)$$

zu erhalten. Leitet man die Log-Likelihood nach $(\beta_0, \beta_1, \ldots, \beta_p)$ ab, so erhält man die Scorefunktion.

$$S(\beta) = \frac{\partial l(\beta)}{\partial \beta} = \sum_{i=1}^{n_L} \left(y_i \mathbf{x}_i - \frac{1}{1 + \exp(\mathbf{x}_i^T \beta)} \exp(\mathbf{x}_i^T \beta) \mathbf{x}_i \right) = \sum_{i=1}^{n_L} \mathbf{x}_i (y_i - \pi(\mathbf{x}_i))$$

Setzt man diese Scorefunktion gleich 0, so ergibt sich der ML-Schätzer $\hat{\beta}$ als Lösung des Gleichungssystems

$$S(\hat{\beta}) = 0 \Leftrightarrow \sum_{i=1}^{n_L} \mathbf{x}_i (y_i - \pi(\mathbf{x}_i)) = 0.$$

Die Lösung wird über ein iteratives Verfahren bestimmt. Genauere Informationen über diese Verfahren lassen sich z.B. in McCullagh und Nelder (1989) nachlesen.

Algorithmus 5 Logistische Regression

---

1. Der ML-Schätzer $\hat{\beta}$ ergibt sich als Lösung des Gleichungssystems

$$S(\hat{\beta}) = 0 \Leftrightarrow \sum_{i=1}^{n_L} \mathbf{x}_i (y_i - \pi(\mathbf{x}_i)) = 0,$$

welche mittels eines iterativen Verfahrens bestimmt wird.

2. Klassifiziere $\tilde{\mathbf{x}}$ anhand folgender Regel:

$$\delta_{LR}(\tilde{\mathbf{x}}) = \begin{cases} 1, \text{ falls } \quad \pi(\tilde{\mathbf{x}}) = P(Y = 1|\tilde{\mathbf{x}}) = \frac{\exp(\tilde{\mathbf{x}}^T \hat{\beta})}{1 + \exp(\tilde{\mathbf{x}}^T \hat{\beta})} \geq 0.5 \\ 0, \text{ sonst.} \end{cases}$$

Eigenschaften

Wie bereits zuvor erwähnt sehen LDA und LR auf den ersten Blick relativ ähnlich aus, allerdings gibt es besonders in Bezug auf die Parameterschätzung enorme Unterschiede. Darüber hinaus ist LR im Gegensatz zu LDA relativ robust gegenüber Ausreissern und liefert zudem noch die Möglichkeit einer sinnvollen Interpretation der ermittelten Parameter. Da die Schätzung der Parameter über die Maximierung der Likelihood erfolgt, verfügt LR über einige wünschenswerte asymptotische Eigenschaften. Übergibt man der LR anstatt der Kovariablen die Zielvariablenausprägungen der k-Nächsten Nachbarn, so handelt es sich im Prinzip um einen modifizierten k-Nächste Nachbarn Ansatz. Allerdings werden im Gegensatz zum Verfahren aus dem Kapitel 3.1.1 die einzelnen Nachbarn unterschiedlich stark gewichtet.

Jedoch existieren Spezialfälle in denen es zu Problemen kommen kann. Sobald es dem Verfahren gelingt die Trainingsdaten ohne Fehler zu separieren, gehen für gewöhnlich vereinzelte Parameterschätzer gegen unendlich, was eine Fehlermeldung zur Folge hat.

Umsetzung

Die *glm()* Prozedur gehört zur Grundausstattung jeder *R* Distribution. Um eine logistische Regression durchzuführen wurde family=binomial, sowie der Logitlink übergeben. Es gibt allerdings Konstellationen, bei denen es zu Problemen kommen kann. Sobald die Lerndaten vollständig separierbar sind, gibt *R* eine Warnmeldung aus, da der oder die Parameter, welche eine eindeutige Trennung herbeiführen, extreme Werte annehmen können. Dieses Verhalten der Logistischen Regression wurde unter anderem bereits von Venables und Ripley (2002) (Seite 197f) aufgezeigt.

Auswertung

Vergleicht man die Ergebnisse der logistischen Regression, welche ausschließlich auf den vorhandenen Kovariablen beruht (*logit.cov*), mit denen von *LDA*, so erkennt man keine nennenswerten Unterschiede (siehe Abbildung 3.6 S.35). Dies ist auch nicht weiter verwunderlich, da beide Verfahren diverse Gemeinsamkeiten hinsichtlich ihrer Theorie besitzen.

Modellname	Prädiktoren
logit.cov	x_1 x_2
logit.nn3	$y_{(1)}$ $y_{(2)}$ $y_{(3)}$
logit.nn10	$y_{(1)}$ $y_{(2)}$ $y_{(3)}$ $y_{(4)}$ $y_{(5)}$ $y_{(6)}$ $y_{(7)}$ $y_{(8)}$ $y_{(9)}$ $y_{(10)}$

Tabelle 3.1: Modellbezeichnungen mit verwendeten Prädiktoren. Der Namenszusatz *.cov* deutet darauf hin, dass sämtliche Kovariablen im Modell enthalten sind. *.nn#* gibt hingegen an, dass die Kategorien der #-nächsten Nachbarn als Prädiktoren genutzt werden.

Betrachtet man hingegen die Ansätze, welche nur die Informationen der Nächsten Nachbarn verwerten (Abbildung 3.7), so stellt sich heraus, dass sowohl *logit.nn3* als auch *logit.nn10* besser abschneiden als das simple *nn1* Verfahren. Im direkten Vergleich zu *knn* zeigt sich, dass sie nicht ganz an die Missklassifikationsrate des *knn* Verfahrens heranreichen. Dies kann daran liegen, dass die Anzahl der betrachteten Nächsten Nachbarn bei *knn* in jedem Durchlauf optimiert wurde.

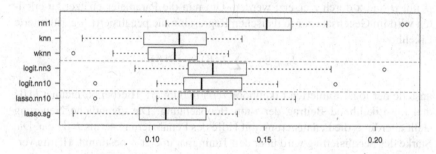

Abb. 3.7: Missklassifikationsraten diverser Verfahren, welche ausschließlich auf den Nächsten Nachbarn oder deren Summen basieren.

3.5 Lasso

Beim Lasso, welches für **L**east **A**bsolute **S**hrinkage and **S**election **O**perator steht, handelt es sich um ein von Tibshirani (1996) entwickeltes Regularisierungsverfahren. Der ursprüngliche Ansatz beschränkte sich auf die lineare Regression, dessen Ziel es war sowohl Modellregularisierung als auch Variablenselektion in ein und demselben Verfahren zu vereinen. Durch die Schrumpfung der Parameterwerte gegen 0 soll eine eventuelle Überanpassung verhindert werden, welche sowohl bei Kollinearität mehrerer Variablen als auch bei hochdimensionalen Daten auftreten kann (Goeman, 2010). Dadurch dass einige Parameterschätzer bei der Schrumpfung auf 0 gesetzt werden, wird zugleich eine Variablenselektion durchgeführt. Da nun weniger Variablen zur Regression beitragen wird eine bessere Interpretierbarkeit gewährleistet.

Das Verfahren wurde von Tibshirani selbst auf generalisierte lineare Modelle (Tibshirani, 1996), als auch auf das Proportional-Hazards-Modell von Cox für Überlebensdaten übertragen (Tibshirani, 1997). Eine Variante für binäre Daten wurde zuerst von Lokhorst (1999) vorgestellt. Dieser Ansatz wurde unter anderem von Shevade und Keerthi (2003), sowie Genkin et al. (2007) weiter ausgearbeitet.

Analog zur zuvor vorgestellten logistischen Regression, kann die bedingte Wahrscheinlichkeit $\pi(\mathbf{x}) = P(Y = 1|\mathbf{x})$ für das Auftreten eines Ereignisses mittels

$$\pi(\mathbf{x}) = \frac{\exp(\beta_0 + \beta_1 x_1 + \ldots + \beta_p x_p)}{1 + \exp(\beta_0 + \beta_1 x_1 + \ldots + \beta_p x_p)} = \frac{\exp(\mathbf{x}^T \beta)}{1 + \exp(\mathbf{x}^T \beta)}$$

dargestellt werden. Das um die Summen erweiterte Modell erhält man, indem β mit θ und $\mathbf{x}$ durch $\mathbf{z}$ ersetzt werden. Um nun die Parameterschätzer zu erhalten wird im Gegensatz zur logistischen Regression die penalisierte logarithmierte Likelihood

$$l_{pen}(\beta) = \sum_{i=1}^{n_L} l_i(\beta) - \frac{\lambda}{2} J(\beta)$$

anstelle der logarithmierten Likelihood $l(\beta)$ maximiert. Hierbei bezeichnet $l_i(\beta)$ den log-Likelihood Beitrag der i-ten Beobachtung. Die eigentliche Neuerung stellt allerdings die Penalisierung mit Hilfe des Penalisierungsterms $J(\beta)$ dar. Die Stärke der Penalisierung wird über den Tuningparameter λ bestimmt. Häufig verwendete Penalisierungen der Form

$$J(\beta) = \sum_{j=1}^{p} |\beta_j|^{\gamma}, \quad \gamma > 0$$

sind in der Literatur unter dem Begriff "Bridge Penalty" zu finden (Frank und Friedman, 1993). Das Lassoverfahren erhält man bei der Wahl von $\gamma = 1$

$$J(\beta) = \sum_{j=1}^{p} |\beta_j|.$$

Die mit dem Lasso eng verwandte Ridge Regression erhält man, indem man $\gamma = 2$ setzt

$$J(\beta) = \sum_{j=1}^{p} \beta_j^2.$$

Dies hat zur Folge, dass zwar alle Parameterschätzer etwas stärker gegen die 0 geschrumpft werden. Allerdings wird kein Parameterschätzer konkret gleich 0 gesetzt, sondern verbleibt mit einem sehr geringen Einfluss weiterhin im Modell. Dementsprechend fällt die Modellinterpretation bei weitem nicht so intuitiv aus wie beim Lasso. Für die Berechnung der Parameterschätzer existieren zwei gleichwertige Definitionen. Die Restringierte Likelihood Optimierung

$$\hat{\beta} = \text{argmax}\, l(\beta) \text{ unter der Nebenbedingung } \sum_{j=1}^{p} |\beta_j| \leq t$$

basiert darauf die Likelihood unter Einhaltung einer Nebenbedingung zu maximieren. Alternativ wird bei der penalisierten Likelihood Optimierung

$$\hat{\beta} = \text{argmax}\, l_{pen}(\beta) = \text{argmax} \sum_{i=1}^{n_L} l_i(\beta) - \frac{\lambda}{2} J(\beta)$$

direkt die penalisierte Log-Likelihood maximiert. Für die Maximierung schlägt Tibshirani (1996) eine IRLS (iteratively reweighted least squares) Prozedur vor. Segal (2006) konnte nachweisen, dass die IRLS Prozedur zu rechenintensiv ist. Demzufolge wird in dieser Arbeit der "full gradient" Algorithmus von Goeman (2010) angewendet.

Die Entscheidungsregel ist zu derjenigen aus der logistischen Regression identisch:

$$\delta_{\text{Lasso}}(\widetilde{\mathbf{x}}) = \begin{cases} 1, \text{ falls } & \pi(\widetilde{\mathbf{x}}) = P(Y = 1 | \widetilde{\mathbf{x}}) = \frac{\exp(\widetilde{\mathbf{x}}^T \hat{\beta})}{1 + \exp(\widetilde{\mathbf{x}}^T \hat{\beta})} \geq 0.5 \\ 0, \text{ sonst.} \end{cases}$$

Wie bereits zuvor erwähnt wird die Stärke der Penalisierung über den Penalisierungsparameter λ (bzw. t) festgelegt. Beide Parameter sind eineindeutig, daher wird im weiteren Verlauf ausschließlich auf λ eingegangen. Allerdings ist zu beachten, dass die beiden Parameter genau die entgegengesetzte Bedeutung aufweisen. Ein klein gewähltes λ steht für eine geringe bis gar keine Penalisierung (Extremfall: $\lambda = 0$). In diesem Fall entspricht das Ergebnis dem des gewöhnlichen ML-Schätzers. Für $\lambda \to \infty$ werden alle Parameterschätzer auf 0 gesetzt. Demzufolge liegen die Lasso Koeffizientenschätzer je nach Wahl von λ auf jeden Fall zwischen diesen beiden Extremfällen. Um den optimalen Penalisierungsparameter zu finden wird für gewöhnlich eine generalisierte Kreuzvalidierung angewendet.

Eigenschaften

Der große Vorteil gegenüber alternativen Penalisierungmethoden wie zum Beispiel dem Ridge-Ansatz besteht darin, dass beim Lasso-Verfahren zusätzlich zur generellen Schrumpfung gegen die 0 auch einige Parameter exakt auf 0 gesetzt werden. Durch diese Variablenselektion erhält der Anwender ein deutlich einfacher zu interpretierendes Modell. Jedoch ist zu beachten, dass hinsichtlich der Modellgüte weder Lasso noch Ridge das jeweils andere Penalisierungsverfahren dominiert (Tibshirani, 1996; Fu, 1998). Des Weiteren kann das Verfahren auch auf hochdimensionale Daten angewendet werden. Allerdings können in Situationen, in denen die Anzahl an Parametern die zur Verfügung stehenden Beobachtungen überschreiten $(p > n)$ maximal n Variablen durch den Lasso Schätzer selektiert werden. Darüber hinaus wird für den Fall, dass einige der Kovariablen eine hohe paarweise Korrelation aufweisen, lediglich eine dieser Kovariablen vom Lasso-Verfahren ausgewählt (Zou und Hastie, 2005).

Analog zur logistischen Regression kann man auch das Lasso-Verfahren als eine Art k-Nächste Nachbarn Ansatz verwenden. Die Ergebnisse beider Ansätze sind bei der Betrachtung der 10 Nächsten Nachbarn in den meisten Fällen sehr ähnlich. Um jedoch die Anzahl der Parameter einzuschränken, bietet es sich

---

Algorithmus 6 Lasso

1. Die Ermittlung des Parameterschätzer $\hat{\beta}$ ist über zwei äquivalente Maximierungen möglich.

   a. Maximierung der Restringierten Log-Likelihood:

   $$\hat{\beta} = \operatorname{argmax} l(\beta) \text{ unter der Nebenbedingung } \sum_{j=1}^{p} |\beta_j| \leq t$$

   b. Maximierung der penalisierten Log-Likelihood:

   $$\hat{\beta} = \operatorname{argmax} l_{pen}(\beta) = \operatorname{argmax} \left(\sum_{i=1}^{n_L} l_i(\beta) - \frac{\lambda}{2} \sum_{j=1}^{p} |\beta_j| \right)$$

   Beide Ansätze sind durch die Anwendung des "full gradient" Algorithmus von Goeman (2010) lösbar.
2. Klassifiziere $\tilde{x}$ anhand folgender Regel:

   $$\delta_{\text{Lasso}}(\tilde{x}) = \begin{cases} 1, \text{ falls } & \pi(\tilde{x}) = P(Y = 1|\tilde{x}) = \frac{\exp(\tilde{x}^T \hat{\beta})}{1+\exp(\tilde{x}^T \hat{\beta})} \geq 0.5 \\ 0, \text{ sonst.} \end{cases}$$

---

an statt der einzelnen Zielvariablenausprägungen deren Summen zu verwenden. Durch deren Aggregation werden dem Verfahren mehr Informationen über das direkte Umfeld in einer geringeren Anzahl an Parametern übergeben. Es stellt sich heraus, dass die Summen der 5, 10 und 25 Nächsten Nachbarn in fast allen Fällen bessere Ergebnisse liefern, als es die reine Betrachtung der 10 Nächsten Nachbarn vermag. Darüber hinaus kann man mit Hilfe der Summen zusätzlich zu den Kovariablen in wenigen Parametern die Klassenzugehörigkeiten des direkten Umfeldes in das Modell integrieren. Hier macht sich besonders die Selektionseigenschaft des Lasso-Verfahrens bezahlt, dank der nur die interessanten Kovariablen im Modell enthalten bleiben. Im Gegensatz zum rein auf den Kovariablen basierenden Verfahren ist hierdurch in mehreren Fällen eine deutliche Absenkung der Missklassifikationsrate möglich ohne das Risiko einzugehen die Ergebnisse grundlegend zu verschlechtern.

Umsetzung

Die Umsetzung des Verfahrens erfolgte mit dem R-Paket *penalized* von Goeman et al. (2012). Das Paket wurde entwickelt, um verschiedene Formen der Penalisierung auf generalisierte lineare Modelle anzuwenden. Zusätzlich zur Lasso- (λ_1) und Ridge-Penalisierung (λ_2) bietet die Funktion *penalized()* die Möglichkeit der Kombination beider Penalisierungarten. Dies führt zu Modellen, welche prinzipiell einer etwas stärkeren Schrumpfung unterliegen, allerdings werden im direkten Vergleich zur reinen Lasso-Penalisierung weniger Parameter exakt auf 0 gesetzt. Die Implementierung des Lasso-Verfahrens ist konkret in der Arbeit von Goeman (2010) beschrieben. Alle Kovariablen, mit Ausnahme des Intercepts, wurden als penalisierbare Parameter übergeben. Um eine Gleichberechtigung aller Kovariablen zu gewährleisten, wurden die Startwerte aller Regressionskoeffizienten auf 0 gesetzt. Des Weiteren werden alle Kovariablen zu Beginn von der Prozedur standardisiert. Der optimale Tuningparameter λ, welcher für die Stärke der Penalisierung verantwortlich ist, wurde mit Hilfe der mitgelieferten Funktion *optL1()* bestimmt, welche auf einer 5-fachen Kreuzvalidierung basiert. Der dieser Optimierungsfunktion zu Grunde liegende Algorithmus ist in Brent (1973) nachzulesen.

Es ist zu beachten, dass für kleine Werte von λ_1 und λ_2 der Algorithmus sehr langsam sein kann und eventuell auf Grund numerischer Probleme nicht konvergiert. Dies tritt besonders häufig bei hochdimensionalen Daten auf. Tritt dieser Fall ein, so muss entweder λ_1 oder λ_2 erhöht werden.

Um überprüfen zu können, welche Variablen den größten Einfluss auf das Modell haben, werden die absoluten Werte der Parameterschätzer herangezogen und jeweils im Verhältnis zum einflussreichsten Parameterschätzer betrachtet. Demzufolge ist die Variable mit dem Wert 1 die Wichtigste und Variablen mit dem Wert 0 sind bei der Variablenselektion aus dem Modell entfernt worden. Eine Visualisierung dieser Werte ist nach mehreren Simulationsdurchläufen mit Hilfe eines Boxplots möglich.

Auswertung

Modellname	Prädiktoren
lasso.nn10	$y_{(1)}\ y_{(2)}\ y_{(3)}\ y_{(4)}\ y_{(5)}\ y_{(6)}\ y_{(7)}\ y_{(8)}\ y_{(9)}\ y_{(10)}$
lasso.sg	$sg_{(5)}\ sg_{(10)}\ sg_{(25)}$
lasso.cov	$x_1\ x_2$
lasso.cov.sg	$x_1\ x_2\ sg_{(5)}\ sg_{(10)}\ sg_{(25)}$
lasso.cov.sd	$x_1\ x_2\ sd^a_{(5)}\ sd^a_{(10)}\ sd^a_{(25)}\ sd^b_{(5)}\ sd^b_{(10)}\ sd^b_{(25)}$
lasso.cov.sg.sd	$x_1\ x_2\ sg_{(5)}\ sg_{(10)}\ sg_{(25)}\ sd^a_{(10)}\ sd^a_{(25)}\ sd^b_{(5)}\ sd^b_{(10)}\ sd^b_{(25)}$

Tabelle 3.2: Modellbezeichnungen mit verwendeten Prädiktoren. Der Namenszusatz .cov deutet darauf hin, dass sämtliche Kovariablen im Modell enthalten sind. Mittels .sg wird aufgezeigt, dass die Summen der 5,10 und 25 Nächsten Nachbarn (generelle Distanz) zusätzlich als Prädiktoren in das Modell aufgenommen werden. Und durch .sd wird ausgedrückt, dass die Summen der 5,10 und 25 Nächsten Nachbarn (richtungsabhängige Distanz) aller Kovariablen ebenfalls als Prädiktoren in das Modell eingehen.

In Abbildung 3.7 auf Seite 39 erkennt man, dass zwischen *lasso.nn10* und *logit.nn10* kein nennenswerter Unterschied besteht. Hier scheint die Modellregularisierung und Modellselektion des Lasso-Verfahrens keine allzu großen Auswirkungen zu haben. Durch die Zusammenfassung der Nächsten Nachbarn in unterschiedlich gestaffelten Summen lässt sich jedoch eine deutliche Verbesserung erzielen. Demnach scheint es legitim dem Verfahren die Information über die Nachbarn als Summen zu übergeben.

Übergibt man dem Lasso-Verfahren ausschließlich die vorliegenden Kovariablen, so erhält man Missklassifikationsraten um die 16%. Dies entspricht ungefähr den Ergebnissen, welche man auch bei Verwendung von *logit.cov* oder *lda* bekommt. Obwohl nach dem Simulationsdesign Kovariable *a* mehr Information enthält als Kovariable *b* werden beide als annähernd gleich informativ eingestuft (Abbildung B.6 S. 109). Dieser Umstand lässt sich aber durch die hohe Kor-

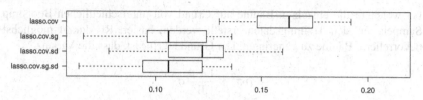

Abb. 3.8: Missklassifikationsraten der Lasso-Verfahren.

relation beider Variablen erklären. Werden zusätzlich zu den Kovariablen auch die Summen als weitere Informationsquelle hinzugezogen (*lasso.cov.sg*), so führt dies zu einer deutlichen Verbesserung der Ergebnisse. Besonders die generellen Summen der 25 Nächsten Nachbarn (*sg.25*) scheinen einen sehr hohen Einfluss zu besitzen, wohingegen *sg.5* nur sehr selten überhaupt selektiert wird (Abbildung B.7 S. 109). Ein Grund hierfür könnte der direkte Zusammenhang der unterschiedlichen Summen sein. *sg.10* baut auf *sg.5* auf, welche wiederum beide in *sg.25* enthalten sind. Sollte beispielsweise unter den 5 nächsten Nachbarn ein Großteil zu ein und der selben Klasse gehören, so ist dies, unter der Voraussetzung, dass ausreichend Beobachtungen zur Verfügung stehen, wahrscheinlich auch für die 10 bzw 25 Nächsten Nachbarn der Fall. Ersetzt man nun die generellen Summen durch die direktionalen Summen, welche für jede einzelne Variable ermittelt werden, so ist *lasso.cov.sd* zwar deutlich besser als *lasso.cov*, schneidet allerdings etwas schlechter ab als *lasso.cov.sg*. Neben den beiden Kovariablen besitzen vor allem die 25er Summen ein hohes Gewicht (Abbildung B.8 S. 110). Vereint man nun sowohl die direktionalen als auch die generellen Summen in einem Modell (*lasso.cov.sg.sd*), so erhält man Ergebnisse, welche sich auf dem Niveau von *lasso.cov.sg* befinden. Der Grund für diese recht ähnlichen Ergebnisse liegt an dem dominierendem Gewicht, welches *sg.25* zuteil wird (Abbildung B.9 S. 110).

3.6 Random Forests

Random Forests (RF) – entwickelt von Breiman (2001) – stellen eine Modifikation von Bagging (**B**ootstrap-**Agg**regation) dar, welche ebenfalls von Breiman (1996) ausgearbeitet wurde. Ho (1995) hat mit seiner Arbeit "Random Decision Forests" maßgelich zur Benennung des Verfahrens beigetragen. Die Grundidee des Verfahrens besteht darin, durch ein Ensemble von Bäumen eine signifikante Verbesserung der Vorhersage zu erzielen. Im Gegensatz zum Bagging, bei welchem die einzelnen Bäume auf Grund von unterschiedlichen Bootstrap Sampels aus den Trainingsdaten erstellt werden, basiert RF darauf möglichst dekorrelierte Bäume zu generieren. Der Grund hierfür ist, dass die Varianz

$$\rho \sigma^2 + \frac{1-\rho}{B} \sigma^2$$

der Vorhersage von der Korrelation der einzelnen Bäume abhängt. B steht hierbei für die Anzahl der generierten Bäume. Demzufolge lässt sich der zweite Teil des Terms durch eine Vergrößerung der Baumanzahl verringern, der erste Summand hingegen hängt von der Korrelation ρ zwischen den Bäumen ab. Eine Reduzierung der Korrelation zwischen den Bäumen erreicht man, indem man in jedem Split anstatt allen p Kovariablen nur $m \leq p$ zufällig gezogen Variablen als potentielle Split Variablen in Betracht zieht. Generell gilt, je kleiner m gewählt wird desto geringer fällt die Korrelation zwischen den Bäumen aus. Allerdings sollte m nicht zu klein gewählt werden, da man ansonsten einen Bias einführt. Als typische Werte für m hat sich im Klassifikationsfall die Regel $m = \lfloor \sqrt{p} \rfloor$ etabliert.

Algorithmus 7 Random Forest

1. Für b = 1,...,B:

    (a) Ziehe eine Bootstrap Stichprobe (mit Zurücklegen) der Größe n_L aus den Lerndaten.
    (b) Konstruiere auf Basis der gezogenen Stichprobe einen Baum indem folgende Schritte für jedes Blatt des Baumes rekursiv wiederholt werden, bis eine Mindestknotengröße von n_{min} erreicht wird:
        i Wähle zufällig m Kovariablen aus den p zur Verfügung stehenden Kovariablen aus.
        ii Suche diejenige Variable (inklusive Splitpunkt), welche den besten Split eines Blattes ermöglicht.
        iii Splitte diesen Knoten in 2 Tochterknoten auf.

2. Man erhalte B Bäume T_b $b = 1,...,B$.
3. Klassifizierung einer neuen Beobachtung $\tilde{x}$ anhand der am häufigsten vorhergesagten Klasse der B Bäume $T_b(\tilde{x})$.

Nun stellt sich die Frage wie viele Bootstrap Stichproben man ziehen sollte. Generell lässt sich sagen, dass man lieber zu viele anstatt zu wenige Bäume konstruiert, da man keine Gefahr läuft eine Überanpassung zu generieren (siehe Hastie et al. (2009) Seite 596). Einzig die Rechendauer steigt mit zunehmender Anzahl linear an. Alternativ besteht die Möglichkeit die optimale Anzahl an Stichproben ab derer keine Verbesserung mehr stattfindet über den sogenannten Out-Of-Bag-(OOB) Fehler zu bestimmen. Für die Konstruktion der einzelnen Bäume werden nicht alle Daten, sondern nur diejenigen in der Bootstrap Stichprobe genutzt. Die Wahrscheinlichkeit, dass eine Beobachtung nicht gezogen wurde, ist

$$P(\text{Beobachtung nicht in Bootstrap Stichprobe}) = \left(1 - \frac{1}{n}\right)^n \xrightarrow{n \to \infty} \frac{1}{e} \approx 0.37.$$

Demzufolge stehen im Schnitt 37% der Beobachtungen pro Baum als eine Art Testdaten zur Verfügung um die Klassifikationsgüte zu bestimmen. Um den OOB-Fehler zu ermitteln wird für jede Beobachtung aus den Lerndaten eine Vorhersage ausschließlich anhand der Bäume getroffen, zu deren Konstruktion diese Beobachtung nicht beigetragen hat. Letztenendes erhält man mit dem OOB-Fehler ein Gütemaß, welches fast identisch zu dem mittels Kreuzvalidierung bestimmten Fehlers, ist. Sollte sich der OOB-Fehler mit zunehmendem B nicht mehr weiter verbessern, so hat man die optimale Anzahl an Bäumen erreicht.

Eine Möglichkeit die bereits in der Grundversion sehr guten Klassifikationsergebnisse von RF weiter zu verbessern wurde von Segal (2004) vorgeschlagen. Prinzipiell lässt sich der Algorithmus so lange fortführen bis sich nur noch eine einzige Beobachtung in jedem Blatt befindet. Allerdings steigt auch die Komplexität mit jedem weiteren Knoten an und das Verfahren passt sich immer mehr den Lerndaten an, sodass es zu einer Überanpassung kommen kann. Aus diesem Grund wurde vorgeschlagen den Baum zurückzuschneiden (sog. Pruning), was bedeutet, dass ein gewisser Anteil der zuletzt durchgeführten Splits rückgängig gemacht wird. Allerdings stellt dieses Verfahren laut Hastie et al. (2009) (Seite 596) nur eine geringe Verbesserung dar, da ein zusätzlicher Parameter, welcher den Grad des Zurückschneidens darstellt, zu bestimmen ist.

Eigenschaften

Random Forests liefern in den meisten Fällen gute Ergebnisse und auch bei hochdimensionalen Daten handelt es sich um ein sehr effizientes Verfahren. Allerdings ist besonders bei hochdimensionalen Problemen darauf zu achten, dass die Anzahl der gewählten Kovariablen pro Split sinnvoll ist. Denn für den Fall, dass m zu klein gewählt wurde und es nur wenige relevante Kovariablen gibt, ist die Wahrscheinlichkeit hoch, dass RF in diversen Splits nur aus nicht-relevanten Kovariablen wählen darf, was eine dementsprechend schlechte Aufteilung zur Folge hat. Als Vorteile sind zu erwähnen, dass nur ein einziger Parameter zu bestimmen ist und das Verfahren auch ohne Pruning gute Ergebnisse liefert. Ein weiteres Problem stellt jedoch die fehlende Interpretierbarkeit dar. Ein einzelner

Baum lässt sich noch sehr gut interpretieren, aber bei Ensemble Methoden handelt es sich um eine Art Black Box. Dieses Problem lässt sich jedoch teilweise umgehen, da man sich zusätzlich Informationen bezüglich der Variablenwichtigkeit ausgeben lassen kann. Diese Information dient unter anderem dazu relevante Variablen auszumachen. Nachfolgende Verfahren sind in Hapfelmeier (2012) (Seite 11 f) aufgelistet, allerdings gibt es darüber hinaus noch weitere Ansätze. Ein sehr einfaches Vorgehen besteht darin die Variablenwichtigkeit daran zu messen, wie häufig eine Variable zum Splitten in den konstruierten Bäumen genutzt wurde. Hierbei handelt es sich um ein bekanntes und zugleich etabliertes Verfahren, allerdings besitzt es gravierende Nachteile. Es wird weder berücksichtigt an welcher Stelle im Baum der Split durchgeführt wurde, noch hat die Trennschärfe einen Einfluss auf das Maß. Eine weitere Herangehensweise ist es ein Maß zu verwenden, welches auf der Verbesserung im Splitkriterium beruht. Hierzu wird in jedem Split eines Baumes die gewonnene Verbesserung der entsprechenden Variable zugeschrieben. Anschließend werden die Ergebnisse der einzelnen Bäume akkumuliert. Allerdings weist dieses Verfahren Probleme im Umgang mit kategoriellen Variablen auf, deren Kategorien unausgeglichen auftreten (Nicodemus, 2011). Ein weiteres Maß, welches diese Probleme nicht aufweist, basiert auf den OOB-Beobachtungen. Hierzu wird die Vorhersagegüte anhand der OOB-Beobachtungen eines Baumes bestimmt. Dann werden die Ausprägungen einer Variablen aller OOB-Beobachtungen permutiert, wodurch der Zusammenhang zwischen der Kovariablen und der Zielvariable eliminiert wird. Im Anschluss wird ein weiteres Mal die Vorhersagegüte des Baumes bestimmt. Für den Fall, dass die permutierte Variable keinen Einfluss besitzen, sollten die beiden Ergebnisse ähnlich ausfallen. Der durch die Permutierung herbeigeführte Güteverlust wird über alle Bäume gemittelt und als Maß für die Wichtigkeit dieser Variable verwendet.

Bevor man von Verbesserungen mit Hilfe der Nächsten Nachbarn, bzw. deren Summen spricht, sollte man folgendes berücksichtigen. Random Forests liefern grundsätzlich schon sehr gute Ergebnisse und gehören in den meisten Situationen zu den besten Verfahren. Daher dürfte es schwierig werden deutliche Verbesserungen durch Hinzunahme der Summen zu erzielen. Des Weiteren können sich die direktionalen Summen auch negativ auf die Vorhersagegüte auswirken. Dies ist der Fall, wenn der Datensatz über viele uninformative Kovariablen verfügt. Da von allen Variablen nun drei Summen zusätzlich an das Modell übergeben werden steigt der Anteil an nicht relevanten Variablen noch weiter an, was die Chancen verringert die relevanten Variablen bei der Splitwahl zur Auswahl zu haben.

Umsetzung

Die Umsetzung erfolgte mit Hilfe der Funktion *randomForest()* aus dem gleichnahmigen R-Paket von Breiman et al. (2012). Die Defaultanzahl an erstellten Bäumen wurde verdoppelt, sodass letztenendes jeweils 1000 Bäume erzeugt wurden. Von einem Parametertuning hinsichtlich des Hyperparameters *m* wurde abgesehen, nachdem sich in erstellten Testreihen keine nennenswerte Veränderung der Ergebnisse eingestellt hat. Außerdem ist zu erwähnen, dass kein Pruning stattgefunden hat.

Auswertung

Modellname	Prädiktoren
rf.cov	x_1 x_2
rf.cov.sg	x_1 x_2 $sg_{(5)}$ $sg_{(10)}$ $sg_{(25)}$
rf.cov.sd	x_1 x_2 $sd^a_{(5)}$ $sd^a_{(10)}$ $sd^a_{(25)}$ $sd^b_{(5)}$ $sd^b_{(10)}$ $sd^b_{(25)}$
rf.cov.sg.sd	x_1 x_2 $sg_{(5)}$ $sg_{(10)}$ $sg_{(25)}$ $sd^a_{(10)}$ $sd^a_{(25)}$ $sd^b_{(5)}$ $sd^b_{(10)}$ $sd^b_{(25)}$

Tabelle 3.3: Modellbezeichnungen mit verwendeten Prädiktoren. Der Namenszusatz *.cov* deutet darauf hin, dass sämtliche Kovariablen im Modell enthalten sind. Mittels *.sg* wird aufgezeigt, dass die Summen der 5, 10 und 25 Nächsten Nachbarn (generelle Distanz) zusätzlich als Prädiktoren in das Modell aufgenommen werden. Und durch *.sd* wird ausgedrückt, dass die Summen der 5, 10 und 25 Nächsten Nachbarn (richtungsabhängige Distanz) aller Kovariablen ebenfalls als Prädiktoren in das Modell eingehen.

Betrachtet man Abbildung 3.9, so zeigt sich, dass der ungeprunte *rf.cov* mit 1000 Bäumen deutlich besser abschneidet als *nn1*. Vergleicht man nun das Ergebnis mit dem von *knn* aus Abbildung 3.3, dann erkennt man, dass beide Verfahren eine ungefähr gleich gute Klassifikation abliefern. Betrachtet man auch hier die Variablenwichtigkeit, so zeigt sich, dass analog zu *lasso.cov* sowohl Kovariable *a*, als auch *b*, als gleich informativ eingestuft werden (Abbildung B.10 S. 111).

Eine konkrete Verbesserung durch die Hinzunahme der Informationen der Nächsten Nachbarn lässt sich an diesen Beispieldaten jedoch nicht erkennen. Jegliche Aufnahme der Summen in das Modell führt zu annähernd gleichwertigen Ergebnissen. Nach Abbildung B.11 (Seite 111) werden den generellen Summen ein im Vergleich zu den Kovariablen relativ hoher Informationsgehalt zugeschrieben. Je mehr Nächste Nachbarn die Summen hierbei umfassen, desto wichtiger stuft Random Forest diese Summe ein. Allerdings hat dies keine

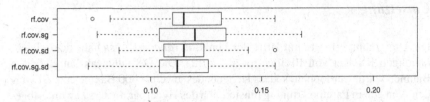

Abb. 3.9: Missklassifikationsrate der klassischen Random Forest Ansätze.

nennenswerten Auswirkungen auf die Missklassifikationrate von *rf.cov.sg*. Die Wichtigkeit der direktionalen Summen aus *rf.cov.sd* (Abbildung B.12 S. 111) steigen abermals mit zunehmender Anzahl an betrachteten Nachbarn an, erreichen jedoch nicht den Informationsgehalt der reinen Kovariablen. Gut zu erkennen ist, dass sowohl beide Kovariablen, als auch deren direktionale Summen jeweils als paarweise gleichwertig angesehen werden, was vermutlich abermals mit der hohen Korrelation beider Variablen zu erklären ist. Bei Betrachtung der Variablenwichtigkeit von *rf.cov.sg.sd* (Abbildung B.13 S. 111) zeigt sich, dass die direktionalen Summen ein geringeres Gewicht aufweisen als ihre generellen Pendants. Ansonsten handelt es sich bei der Variablenwichtigkeit um eine Kombination der beiden zuvor genannten Ansätze.

3.7 Boosting

Analog zum Random Forest basiert auch Boosting auf der Idee anhand einer Vielzahl von schwachen Klassifikatoren, welche für sich betrachtet nur marginal bessere Ergebnisse liefern als man durch simples Raten erreichen könnte, einen deutlich präziseren Klassifikator zu erzeugen (Kearns und Valiant, 1994). Den populärsten Boosting Algorithmus stellt "AdaBoost" (= **Ada**ptive **Boost**ing) von Freund und Schapire (1997) dar.

3.7.1 AdaBoost

Bei AdaBoost handelt es sich um ein iteratives Verfahren, bei welchem den Beobachtungen unterschiedliche Gewichte zugeteilt werden. Indem falsch klassifizierte Beobachtungen in der nächsten Iteration ein höheres Gewicht erhalten, sollen nachfolgende Iterationen eine bessere Missklassifikationsrate aufweisen.

Dieser Ansatz kann ausschließlich zur binären Klassifikation genutzt werden. Des Weiteren muss der Nutzer sich für ein Klassifikationsverfahren (sog. Basis-Methode) entscheiden, auf welchem der Algorithmus anschließend aufbaut.

Algorithmus 8 AdaBoost

---

1. Initialisiere identische Startgewichte für die einzelnen Beobachtungen:

$$w_i^{[0]} = \frac{1}{n_L} \quad \text{für } i = 1, \dots, n_L$$

Setze Laufindex $m = 0$.

2. Für $m = 0, \dots, m_{stop}$:

   (a) Erhöhe m um 1:

   $$m = m + 1$$

   (b) Lerne die Basis-Methode anhand der mit $w_i^{[m-1]}$ gewichteten Beobachtungen an, um den Klassifikator $g^{[m]}(\cdot)$ zu erhalten.

   (c) Berechne die gewichtete In-Sample Fehlklassifikationsrate

   $$\text{err}^{[m]} = \frac{1}{\sum_{i=1}^{n_L} w_i^{[m-1]}} \sum_{i=1}^{n} w_i^{[m-1]} \cdot I(y_i \neq g^{[m]}(x_i)),$$

   $$\alpha^{[m]} = \log\left(\frac{1 - \text{err}^{[m]}}{\text{err}^{[m]}}\right)$$

   (d) Aktualisiere die Gewichte

   $$\tilde{w}_i = w_i^{[m-1]} \cdot \exp\left(\alpha^{[m]} \cdot I(y_i \neq g^{[m]}(x_i))\right)$$

   $$w_i^{[m]} = \frac{\tilde{w}_i}{\sum_{j=1}^{n} \tilde{w}_j}$$

3. Konstruiere den Klassifikator über eine gewichtete Mehrheitswahl:

$$\delta_{\text{AdaBoost}}(\tilde{x}) = \text{sign}\left(\sum_{m=1}^{m_{stop}} \alpha^{[m]} g^{[m]}(\tilde{x})\right)$$

Als Basis-Methoden eignen sich unter anderem Baumstümpfe (= stark geprunte Bäume), Bäume, kleinste Quadrate oder auch komponentenweise Smoothing-Splines. Bäume mit nur einem einzigen Split schneiden besser ab als pures Raten und es besteht keine Gefahr der Überanpassung. Die optimale Anzahl an Iterationen stellt einen Hyperparameter dar, welcher durch Kreuzvalidierung bestimmbar ist. Eine Überanpassung durch zu viele Iterationen ist eher unwahrscheinlich, jedoch hat eine Erhöhung der Iterationsanzahl einen Anstieg hinsichtlich der Berechnungsdauer zur Folge (siehe Bühlmann und Hothorn (2007) Seite 479).

3.7.2 Gradient Boosting

Es konnte nachgewiesen werden (Breiman (1998), Breiman (1999)), dass man den AdaBoost Algorithmus als naiven funktionalen Gradientenabstieg (=functional gradient descend (FGD)) auffassen kann. Sowohl (Friedman et al., 2000) als auch (Friedman, 2001) entwickelten einen generelleren statistischen Rahmen, sodass man den Ansatz als additives Modell auffassen konnte. Ziel war es folgendes Minimierungsproblem

$$f^*(\cdot) = \underset{f(\cdot)}{\mathrm{argmin}}\, E\left(\rho(\mathbf{Y}, f(\mathbf{X}))\right)$$

zu lösen, wobei ρ eine nach f differenzierbare Verlustfunktion darstellt. Im Gegensatz zu AdaBoost ist beim Gradient Boosting die Verlustfunktion frei wählbar. Der Quadratische Verlust, die negative Binomial-Log-Likelihood oder auch der exponentielle Verlust sind nur einige Beispiele für eine geeignete Wahl für ρ. Da in der Praxis jedoch $E\left(\rho(\mathbf{Y}, f(\mathbf{X}))\right)$ nicht bekannt ist, minimiert man stattdessen das Empirische Risiko

$$\mathrm{empRisiko} = \frac{1}{n_L} \sum_{i=1}^{n_L} \rho(y_i, f(\mathbf{x}_i)).$$

Im Boosting Kontext lässt sich das Problem folgendermaßen beschreiben:

$$\left(\alpha^{[m]}, g^{[m]}\right) = \underset{\alpha, g}{\mathrm{argmin}}\, \frac{1}{n_L} \sum_{i=1}^{n_L} \rho\left(y_i, (\alpha g(\mathbf{x}_i) + f^{[m-1]}(\mathbf{x}_i))\right)$$

Für den Fall, dass y binär ist und ρ der exponentiellen Verlustfunktion entspricht, löst AdaBoost das vorliegende Minimierungsproblem. Ansonsten ist Gradient Boosting die geeignetere Wahl um eine effiziente Minimierung durchzuführen.

Wie auch schon bei AdaBoost stellt m_{stop} einen wichtigen Tuningparameter dar, welcher mittels Kreuzvalidierung zu schätzen ist. Die Wahl von v hat hingegen nur einen geringen Einfluss. Es muss nur gewährleistet sein, dass es sich um kleine Werte wie zum Beispiel $v = 0.1$ handelt, sodass das Verfahren in kleinen Schritten vorgeht. Noch kleinere Werte haben mehr Boostingiterationen

---

Algorithmus 9 Gradient Boosting

---

1. Initialisiere den n-dimenstionalen Vektor $\hat{f}^{[0]}(\cdot)$:

$$\hat{f}^{[0]}(\cdot) = 0$$

Setze Laufindex $m = 0$ und wähle eine geeignete Basismethode $g(\cdot)$.
2. Für $m = 0, \ldots, m_{stop}$:

  (a) Erhöhe m um 1:

$$m = m + 1$$

  (b) Berechne den negativen Gradienten $-\frac{\partial}{\partial f}\rho(y, f)$ und werte diesen an der Stelle $\hat{f}^{[m-1]}(\mathbf{x}_i)$ aus.

$$U_i = -\frac{\partial}{\partial f}\rho(y, f)\big|_{y=y_i, f=\hat{f}^{[m-1]}(\mathbf{x}_i)}, \quad i = 1, \ldots, n$$

  (c) Schätze den negativen Gradienten Vektor $U_1, \ldots, U_n$ anhand von $X_1, \ldots, X_n$ mittels der zuvor gewählten Basis-Methode

$$(X_i, U_i)_{i=1}^n \xrightarrow{Basis-Methode} \hat{g}^{[m]}(\cdot)$$

Demnach kann $\hat{g}^{[m]}(\cdot)$ als Approximation des negativen Gradientenvektors betrachtet werden.
  (d) Berechne das Update $\hat{f}^{[m]}(\cdot) = \hat{f}^{[m-1]}(\cdot) + v \cdot \hat{g}^{[m]}(\cdot)$, wobei $0 < v \leq 1$ eine vorab spezifizierte Schrittweise darstellt.

---

zur Folge, was allerdings eine höhere Rechendauer nach sich zieht. Um den Algorithmus 9 auch auf binäre Daten anwenden zu können verwendet man die negative Binomial Log-Likelihood

$$-(y\log(p) + (1-y)\log(1-p))$$

als Verlustfunktion. Ersetzt man p durch $p = \exp(f)/(\exp(f) + \exp(-f))$ und verwendet die alternative Zielvariablendarstellung $y^* \in \{-1, 1\}$, so ergibt sich die Verlustfunktion

$$\rho_{\text{log-lik}}(y^*, f) = \log(1 + \exp(-2y^*f)).$$

Des Weiteren ändert sich die Initialisierung hinsichtlich $\hat{f}^{[0]}(\cdot) = \log(\hat{p}/(1 - \hat{p}))/2$, wobei $\hat{p}$ für die relative Häufigkeit von $Y = 1$ steht. Im binären Fall ist es keine Voraussetzung, dass die Basis-Methode eine gewichtete Schätzung beherrscht. Genauere Informationen bezüglich Gradient Boosting lassen sich in

Hastie et al. (2009) (Kapitel 10) oder in Bühlmann und Hothorn (2007) nachlesen.

Umsetzung

Die Umsetzung des Verfahrens erfolgte mit der Funktion *glmboost* aus dem R-
Paket *mboost* von Hothorn et al. (2013). Als Verlustfunktion wurde die negative
Binomial Log-Likelihood verwendet und als Basis-Methode wurden komponentenweise lineare Modelle genutzt. Allerdings ist keine Funktion implementiert mit
der sich die Variablenwichtigkeit auslesen lässt.

Eigenschaften

Mittels Boostings lassen sich basierend auf mehreren schwachen Schätzern in
vielen Fällen sehr gute Vorhersagen treffen. Das liegt unter anderem daran, dass
es sich um ein sehr flexibles Verfahren handelt, welches sowohl zur Klassifikation als auch zu Regressionszwecken genutzt werden kann. Hierbei genügt es
die Verlustfunktion entsprechend zu wählen und kleine Änderungen am Algorithmus vorzunehmen. Des Weiteren können unterschiedlichste Zusammenhänge
zwischen der Zielvariable und den Prädiktoren modelliert werden. Je nach Art
des Zusammenhanges stehen geeignete Basis-Methoden zur Wahl. Ein großer
Vorteil, den Boosting mit sich bringt, ist die automatische Variablenselektion.
Selbst mit hochdimensionalen Daten ($p \gg n$), welche heutzutage immer häufiger
auftreten, kann Boosting dank der Variablenselektion umgehen. Selbst Multi-
kollinearitätsprobleme berücksichtigt das Verfahren indem Effekte gegen die 0
gedrückt werden. Darüber hinaus ist der Umstand, dass eine zu hohe Itera-
tionszahl nur sehr langsam zu einer Überanpassung führt eine wünschenswerte
Eigenschaft. Hierdurch ist der Anwender abgesichert, dass es selbst bei zu vielen
Iterationen in den meisten Fällen immer noch zu guten Ergebnissen führen wird.
Der Boosting Ansatz besitzt einige wünschenswerte Eigenschaften, wenn es
darum geht die Summen der Zielvariablenausprägungen der Nächsten Nachbarn als zusätzliche Informationsquelle zu nutzen. Hervorzuheben ist hierbei die
Fähigkeit eine Variablenselektion durchzuführen. Dies erlaubt es trotz der durch
die Summen ansteigenden Anzahl an Kovariablen weiterhin ein interpretierbares Modell zu erhalten. Darüber hinaus ermöglicht der Boosting Ansatz den
Umgang mit Multikollinearitätsproblemen. Besonders die direktionalen Summen

werden in einigen Fällen einen ähnlichen Informationsgehalt wie die zu Grunde liegende Variable aufweisen. Da es jedoch wenig Sinn macht die selbe Information mehrmals im Modell zu haben ist es wichtig die informativsten Variablen herausfiltern zu können. Am Beispiel der mlbench Daten lässt sich zeigen, dass es Situationen gibt in denen sich die Modellgüte durch die zusätzliche Information der Summen deutlich verbessern lässt.

Auswertung

Modellname	Prädiktoren
mboost.cov	$x_1\ x_2$
mboost.cov.sg	$x_1\ x_2\ sg_{(5)}\ sg_{(10)}\ sg_{(25)}$
mboost.cov.sd	$x_1\ x_2\ sd^a_{(5)}\ sd^a_{(10)}\ sd^a_{(25)}\ sd^b_{(5)}\ sd^b_{(10)}\ sd^b_{(25)}$
mboost.cov.sg.sd	$x_1\ x_2\ sg_{(5)}\ sg_{(10)}\ sg_{(25)}\ sd^a_{(10)}\ sd^a_{(25)}\ sd^b_{(5)}\ sd^b_{(10)}\ sd^b_{(25)}$

Tabelle 3.4: Modellbezeichnungen mit verwendeten Prädiktoren. Der Namenszusatz .cov deutet darauf hin, dass sämtliche Kovariablen im Modell enthalten sind. Mittels .sg wird aufgezeigt, dass die Summen der 5, 10 und 25 Nächsten Nachbarn (generelle Distanz) zusätzlich als Prädiktoren in das Modell aufgenommen werden. Und durch .sd wird ausgedrückt, dass die Summen der 5, 10 und 25 Nächsten Nachbarn (richtungsabhängige Distanz) aller Kovariablen ebenfalls als Prädiktoren in das Modell eingehen.

Die Missklassifikationsraten des gewöhnlichen Boostingansatzes (*mboost. cov*) fällt im Verhältnis zu denen des auf einem ähnlichen Prinzip basierenden Random Forest *rf.cov* (Abbildung 3.9), deutlich schlechter aus. Allerdings lassen sich im Gegensatz zum Random Forest durch Hinzunahme der Summen der Nächsten Nachbarn eindeutige Verbesserungen erzielen, wodurch Boosting wieder konkurrenzfähig wird.

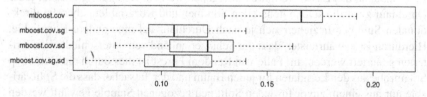

Abb. 3.10: Missklassifikationsrate der Boosting Ansätze

Allein schon durch die Aufnahme der generellen Summen (*mboost.cov. sg*) lässt sich eine enorme Verbesserung der Missklassifkationsrate verzeichnen. Ersetzt man die generellen Summen durch ihre direktionalen Pendants (*mboost. cov.sd*), so verbessert sich das Ergebnis ebenfalls. Allerdings bleibt es im direkten Vergleich zu *mboost.cov.sg* hinter dessen Ergebnissen zurück. Die gleichzeitige Verwendung beider Summentypen (*mboost.cov.sg.sd*) führt hingegen zu fast identischen Werten, wie sie bereits beim ersten Verbesserungsansatz (*mboost.cov.sg*) zu sehen waren. Dies lässt sich dadurch erklären, dass das Großteil der hinzugewonnenen Information aus den generellen Summen stammt.

3.8 Ensemble-Lasso

Allgemein liegt Ensemble-Methoden folgende Idee zu Grunde. Man konstruiert mehrere Schätzer – ein sog. Ensemble von Schätzern – und kombiniert deren Vorhersagen zu einem aggregierten Schätzer. Ziel ist es die Ergebnisse von vielen Klassifikationen zusammenzufassen, um die Vorhersage zu verbessern. Dieses Konzept ist unter dem Motto "Wisdom of the Crowd" bekannt.

Allgemeiner Aufbau von Ensemble Methoden:

- Festlegen auf eine Basis-Methode, welche zur Prognose genutzt wird.
- Anwendung dieser Basis-Methode auf M unterschiedlich gewichtete Datensätze.
- Aggregation dieser M Schätzer.

Konkret wird in diesem Ansatz das Lasso-Verfahren als Basis-Methode verwendet, wodurch man im binären Fall in jedem Durchlauf eine Wahrscheinlichkeit für das Auftreten des Ereignisses erhält. Im Gegensatz zum allgemeinen Aufbau basiert die Anzahl der Schätzer M auf der Anzahl an vorhandenen Kovariablen und ist somit fest vorgegeben. Die einzelnen gewichteten Datensätze unterscheiden sich dadurch, dass neben den generellen Summen (5, 10 und 25) auch alle Kovariblen und die direktionale Summen (ebenfalls 5, 10 und 25) einer Kovariable an das Lasso-Verfahren übergeben werden. Demzufolge besitzt jeder Durchlauf zwar die selben generellen Summen und Kovariablen, aber die direktionalen Summen beziehen sich je nach Durchlauf auf eine andere Kovariable. Hierdurch ist gewährleistet, dass die Schätzer anhand von unterschiedlichen Kriterien generiert werden. Im Falle von Random Forest ist dies durch die Bootstrap Stichprobe aus den Lerndaten für jeden Baum und der Tatsache, dass die Splitvariable nur aus einem zuvor für jeden Split neu gezogenen Sample gewählt werden darf, gewährleistet. Die Aggregation der Ergebnisse erfolgt über die Aggregation (arithmetisches Mittel) der ermittelten Ereigniswahrscheinlichkeiten. Sollte der Sonderfall von einer aggregierten Wahrscheinlichkeit in Höhe von exakt 0.50 auftreten, so entscheidet man sich für das Auftreten des Ereignisses.

Durchlauf	Prädiktoren							
1	$sg_{(5)}$	$sg_{(10)}$	$sg_{(25)}$	$sd^a_{(5)}$	$sd^a_{(10)}$	$sd^a_{(25)}$	a	b
2	$sg_{(5)}$	$sg_{(10)}$	$sg_{(25)}$	$sd^b_{(5)}$	$sd^b_{(10)}$	$sd^b_{(25)}$	a	b

Tabelle 3.5: Modellbezeichnungen mit verwendeten Prädiktoren. Neben den generellen Summen (5, 10 und 25) werden je nach Durchlauf auch noch alle Kovariablen und die direktionale Summen (ebenfalls 5, 10 und 25) einer Kovariable als Prädiktoren übergeben.

Ensemble-Lasso Variationen

Meist sind die wichtigen Informationen für eine erfolgreiche Vorhersage nicht nur in einer einzigen, sondern in mehreren Variablen enthalten. Dies wird zwar in gewissem Umfang durch die generellen Summen der Nächsten Nachbarn berücksichtigt, allerdings kann deren Ermittlung durch nichtrelevante Kovariablen verfälscht werden. Direktionale Summen hingegen betrachten die Variablen immer einzeln. Jedoch gibt es auch die Möglichkeit die Nächsten Nacharn und deren Summen anhand von ausgesuchten Kombinationen der vorhandenen Kovariablen zu berechnen. Um den Rechenaufwand gering zu halten werden daher ausschließlich sämtliche 2er Kombinationen berücksichtigt. Anschließend werden zusätzlich zu den zuvor bereits gerechneten Durchläufen (siehe Tabelle 3.5) noch diejenigen basierend auf den Kombinationen ermittelt. Dieses Verfahren wird als *ensemble.comb.a* bezeichnet. Der Präfix *.a* deutet an, dass *alle* 2er Kombinationen berücksichtig werden.

Durchlauf	Prädiktoren							
1	$sg_{(5)}$	$sg_{(10)}$	$sg_{(25)}$	$sd^a_{(5)}$	$sd^a_{(10)}$	$sd^a_{(25)}$	a	b
2	$sg_{(5)}$	$sg_{(10)}$	$sg_{(25)}$	$sd^b_{(5)}$	$sd^b_{(10)}$	$sd^b_{(25)}$	a	b
3	$sg_{(5)}$	$sg_{(10)}$	$sg_{(25)}$	$sd^{a.b}_{(5)}$	$sd^{a.b}_{(10)}$	$sd^{a.b}_{(25)}$	a	b

Tabelle 3.6: Modellbezeichnungen mit verwendeten Prädiktoren. Neben den generellen Summen (5, 10 und 25) werden je nach Durchlauf auch noch alle Kovariablen und die direktionale Summen (ebenfalls 5, 10 und 25) einer Kovariable als Prädiktoren übergeben. Zudem spielen die direktionalen Summen basierend auf den 2er Kombinationen eine Rolle.

Algorithmus 10 Ensemble-Lasso

Bei Vorliegen von p metrischen (und evtl vorhandenen q nicht-metrischen) Kovariablen führe folgende Durchläufe aus:

1. Für $m = 1, \ldots, p$:

   a. Im m-ten Durchlauf werden zusätzlich zu allen Kovariablen die generellen Summen der 5, 10 und 25 Nächsten Nachbarn, sowie die direktionalen Summen der 5, 10 und 25 Nächsten Nachbarn hinsichtlich der m-ten metrischen Kovariablen, an das penalisierte Lasso Modell übergeben.

   b. Ermittlung von

   $$\beta^m = (\beta_0, \underbrace{\beta_{sg_{(5)}}, \beta_{sg_{(10)}}, \beta_{sg_{(25)}}}_{generelle\ Summen}, \underbrace{\beta_{sd^m_{(5)}}, \beta_{sd^m_{(10)}}, \beta_{sd^m_{(25)}}}_{direktionale\ Summen}, \underbrace{\beta_1, \ldots, \beta_p}_{\substack{metrische \\ Kovariablen}} (, \underbrace{\ldots, \beta_{p+q}}_{\substack{kategoriale \\ Kovariablen}}))$$

   über die Maximierung der penalisierten Log-Likelihood:

   $$\hat{\beta}^m = \operatorname{argmax} l_{pen}(\beta^m) = \operatorname{argmax}\left(\sum_{i=1}^{n_L} l_i(\beta^m) - \frac{\lambda}{2}\sum_{j=1}^{p}|\beta_j^m|\right)$$

   Hierbei steht $l_i(\cdot)$ für den Log-Likelihoodbeitrag der i-ten Beobachtung, welcher im binären Fall

   $$l_i(\beta^m) = y_i(\mathbf{x}_i^T \beta^m) - \log(1 + \exp(\mathbf{x}_i^T \beta^m))$$

   entspricht und λ stellt den Tuningparameter der Penalisierung dar.

   Diese Maximierung ist durch die Anwendung des "full gradient" Algorithmus von Goeman (2010) lösbar.

2. Erhalten die bedingte Wahrscheinlichkeit für

   $$\pi_m(\widetilde{\mathbf{x}}) = P_m(Y = 1|\widetilde{\mathbf{x}}) = \frac{\exp(\widetilde{\mathbf{x}}^T \hat{\beta}^m)}{1 + \exp(\widetilde{\mathbf{x}}^T \hat{\beta}^m)}$$

   bei Verwendung der direktionalen Summen basierend auf der m-ten Kovariable.

3. Klassifiziere $\widetilde{\mathbf{x}}$ anhand folgender Aggregationsregel:

   $$\delta_{\text{ensemble}}(\widetilde{\mathbf{x}}) = \begin{cases} 1, \text{ falls } \quad \frac{1}{p}\sum_{m=1}^{p}\pi_m(\widetilde{\mathbf{x}}) = \frac{1}{p}\sum_{m=1}^{p}\frac{\exp(\widetilde{\mathbf{x}}^T \hat{\beta}^m)}{1+\exp(\widetilde{\mathbf{x}}^T \hat{\beta}^m)} \geq 0.5 \\ 0, \text{ sonst.} \end{cases}$$

Ab einer gewissen Anzahl an Variablen existiert eine Vielzahl an möglichen 2er Kombinationen. Daher wird auch der Ansatz, eine Stichprobe vom Umfang der Wurzel aller möglichen zweier Kombinationen aus diesen zu ziehen und nur die gezogenen Kombinationen zusätzlich zu den in Tabelle 3.5 aufgelisteten Durchläufen hinzuzufügen, weiter verfolgt. Im vorliegenden Beispiel gibt es nur eine mögliche 2er Kombination, weshalb hier das Ziehen einer Stichprobe keinen Unterschied zur Folge hat. Dieser Ansatz wird nochfolgend als *ensemble.comb.s* bezeichnet. Der Präfix *.s* steht für die *Stichprobe*, welche aus alle möglichen 2er Kombinationen gezogen wird.

Eigenschaften

Da das Ensemble-Verfahren auf dem Lasso-Ansatz beruht, liegen auch dessen Eigenschaften zu Grunde. Prinzipiell gilt, dass Ensemble Methoden die Genauigkeit von Klassifikationsverfahren deutlich verbessern können (siehe Random Forest). Allerdings geht durch die Vielzahl an Durchläufen die leichte Interpretierbarkeit des Verfahrens verloren. Ein weiterer Nachteil besteht im deutlich erhöhten rechentechnischen Aufwand. Dies betrifft grundsätzlich alle Ensemble-Ansätze, da sowohl die Ermittlung der Nächsten Nachbarn, als auch das Tuning vor jedem Durchlauf einiges an Zeit in Anspruch nimmt. Besonders stark betroffen ist jedoch *ensemble.comb.a*. Sobald eine gewisse Anzahl an Kovariablen erreicht ist stehen zu viele 2er Kombinationen zur Verfügung um noch erträgliche Berechnungszeiten zu gewährleisten. Abhilfe schafft hier in gewissem Maße die Ziehung von Stichproben hinsichtlich der betrachteten Kombinationen (*ensemble.comb.s*). Dies birgt jedoch die Gefahr, dass relevante Kombinationen nicht gezogen werden und daher nicht berücksichtigt werden können.

Umsetzung

Die Umsetzung des Verfahrens erfolgte abermals mit Hilfe des R-Paketes *penalized* von Goeman et al. (2012). Nachdem der Penalisierungsparameter λ_1 mittels einer 5-fachen Kreuzvalidierung in *optL1()* ermittelt wurde, werden die Prädiktoren aus Tabelle 3.5 (bzw. Tabelle 3.6) an die Funktion *penalized()* übergeben. Im Unterschied zum Lasso-Ansatz ist es notwendig zudem eine minimale Ridge Penalisierung durchzuführen, um die Konvergenz des Verfahrens zu gewährleisten.

Auswertung

Die Ergebnisse der verschiedenen Ensemble-Ansätze sind mit denen von *lasso. cov.sg* vergleichbar. Die Erweiterung um die 2er Kombinationen macht bei den mlbench Daten keinen wirklichen Unterschied da es einerseits nur eine einzige Kombinationsmöglichkeit von 2 Kovariablen gibt, welche dann mit den generellen Summen übereinstimmt. Hierbei ist jedoch ganz interessant zu sehen, dass im Kombinationsfall die generellen Summen ebenso wie den direktionalen Summen der Kombination auf Grund ihrer identischen Werte auch die selbe Variablenwichtigkeit zuteil wird. Da es nur eine einzige 2er Kombination gibt und die Anzahl der gezogenen Kombinationen in *ensemble.comb.s* 1 entspricht, sind die Ergebnisse mit denen von *ensemble.comb.a* annährend identisch.

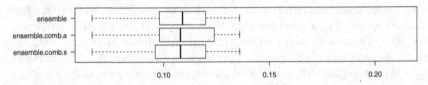

Abb. 3.11: Missklassifikationsrate der Ensemble-Lasso Ansätze

Kapitel 4
Simulierte Datensätze

Um die Vorhersagegüte der neu entwickelten Verfahren zu überprüfen werden mehrere simulierte Datensätze erstellt. Diese Datensätze stellen unterschiedliche Anforderungen an die Klassifikationsverfahren, denn sie unterscheiden sich hinsichtlich ihrer Variablenwichtigkeit, der Anzahl an Störvariablen, der Form der Klassenregionen und folglich auch dem Überschneidungsgebiet beider Klassen.

Zum Anlernen stehen den Klassifikationsverfahren jeweils 200 Daten als Lernstichprobe ($n_L = 200$) zur Verfügung. Die Evaluierung der Klassifikationsgüte erfolgt anhand von 500 neu simulierten Beobachtungen ($n_A = 500$). Um die Vorhersage einer Klasse nicht bereits im Vorfeld zu begünstigen, sind beide Klassenhäufigkeiten in den meisten Klassifikationsproblemen sowohl in den Lern-, als auch in den Testdaten identisch. Sollte dies nicht der Fall sein, so wird in der Beschreibung der vorliegenden Besonderheiten explizit darauf eingegangen. Insgesamt werden 30 Wiederholungen durchgeführt.

Um die Güte der unterschiedlichen Klassifikationsverfahren miteinander vergleichen zu können, werden deren Missklassifikationsraten mit Hilfe von Boxplots visualisiert. Als Alternative stehen im Anhang auch Visualisierungen der gemittelten Summen der absoluten und quadrierten Distanzen zur Verfügung. Sollten diese Grafiken nennenswerte Abweichungen von den Missklassifikationsraten aufweisen, so wird darauf explizit hingewiesen. Der Umstand, dass *nn1* bei Betrachtung der gemittelten Summen der absoluten Differenzen im Vergleich zu den restlichen Klassifikatoren deutlich besser abschneidet als bei den Missklassifikationsraten, ist folgendermaßen zu erklären. Auf Grund der Klassifikationsweise des *nn1* Verfahrens kennt es hinsichtlich der Zuweisung keine Unsicherheit. Dies führt dazu, dass $P(Y = 1|\tilde{x})$ entweder 1 oder 0 annimmt, weshalb alle drei Gütemaße identisch ausfallen. Da bei den restlichen Verfahren auch korrekt zugewiesene Beobachtungen einen geringen Beitrag zur gemittelten Summe der absoluten Differenzen beisteuern erweckt dies den Eindruck eines guten Abschneidens seitens *nn1*, obwohl die Anzahl an Fehlklassifikationen deutlich höher liegt. Aus diesem Grund wird auf die Ergebnisse von *nn1* hinsichtlich dieses Gütemaßes nicht näher eingegangen.

Darüber hinaus befindet sich ebenfalls im Anhang zu jedem Simulationsdatensatz eine Grafik, welche die Verfahren mit dem jeweils bestmöglichen Verfahren des entsprechenden Durchgangs ins Verhältnis setzt. Hierzu wurde in jedem Durchgang die Missklassifikationsrate des besten Verfahrens dazu verwendet, um alle anderen Missklassifikationsraten des selben Durchgangs durch eben diesen besten Wert zu teilen. Demzufolge besitzt ein Verfahren, welches fast immer die beste Klassifikation liefert viele Werte nahe der 1. Je weiter die Box von der 1 entfernt liegt, desto schlechter hat das Verfahren im Vergleich zum Bestmöglichen abgeschnitten. Darüber hinaus werden im Anhang, zur besseren Veranschaulichung wie die Verfahren arbeiten, Grafiken hinsichtlich der Variablenwichtigkeit angefügt.

4.1 mlbench

Die Datenpunkte wurden mittels der R-Funktion mlbench.threenorm() aus dem R-Paket *mlbench* von Leisch und Dimitriadou (2010) generiert.

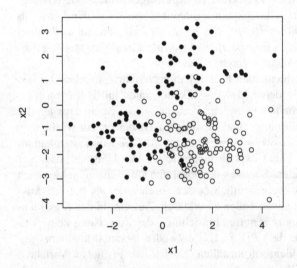

Abb. 4.1: 200 Simulationsdaten generiert mittels *mlbench.threenorm()*.

Der verwendete Funktionsaufruf mlbench.threenorm(n=200,d=2) erzeugt 200 Punkte im zweidimensionalen Raum, welche zu gleichen Teilen aus zwei Gaussverteilungen mit identischen Kovarianzmatrizen stammen. Punkte der Klasse 1 (ausgefüllt) werden mit gleicher Wahrscheinlichkeit entweder aus einer multivariaten Normalverteilung mit Erwartungswert $(\sqrt{2}, \sqrt{2})$ oder aus einer multivariaten Normalverteilung mit Erwartungswert $(-\sqrt{2}, -\sqrt{2})$ gezogen. Klasse 2 (nicht ausgefüllt) stammt hingegen ausschließlich aus einer multivariaten Normalverteilung mit Erwartungswert $(\sqrt{2}, -\sqrt{2})$. Dies hat zur Folge, dass klare Häufungen mit leichten Überschneidungen im Grenzbereich vorliegen (siehe Abb. 4.1).

Auswertung

Mit einer Missklassifikationsrate von ca 15% fällt das Ergebnis von *nn1*, im Vergleich zu den restlichen Verfahren, eher entäuschend aus. Die vielen falschen Vorhersagen lassen sich auf die große Unsicherheit im Grenzgebiet beider Klassen zurückführen. Der Boxplot von *knn* veranschaulicht, dass man durch die Verwendung der k-Nächsten Nachbarn eine enorme Verbesserung erzielen kann. Dieser Ansatz zählt im vorliegenden Klassifikationsproblem zu einem der besten Verfahren. Eine zusätzliche Gewichtung der Nachbarn, wie sie bei *wknn* zum Einsatz kommt, führt hingegen nur zu einer minimalen Veränderung der Prognosegüte.

Die Logistischen Regressionen basierend auf den Nächsten Nachbarn sind zwar besser als *nn1*, reichen aber nicht an die Güte von *knn* heran. *logit.nn10* ist hierbei dank seiner zusätzlichen betrachteten Nachbarn etwas besser als *logit .nn3*. Durch eine zusätzliche Penalisierung, wie es in *lasso.nn10* der Fall ist, lässt sich die Vorhersagegüte noch ein klein wenig verbessern. Einen deutlichen Sprung erzielt man jedoch durch den Umstieg auf die generellen Summen der (5, 10 und 25) Nächsten Nachbarn. *lasso.sg*, welches sein Hauptaugenmerk auf *sg.25* legt, ist den meisten vorgestellten Verfahren bei der Klassifikation der mlbench Daten überlegen.

Die Verwendung von *lda* schneidet verhältnismäßig schlecht ab. Dieser Umstand lässt sich dadurch erklären, dass die vorliegenden Daten nicht linear trennbar sind (siehe Abbildung 3.5). Daher werden sehr viele Beobachtungen falsch klassifiziert. Abhilfe schafft in diesem Fall der Einsatz von *qda*. Hierdurch erhält man deutlich niedrigere Missklassifikationsraten. Der Logit-Ansatz (*logit.cov*), welcher ausschließlich auf den beiden Kovariablen basiert, birgt das selbe Problem wie bereits *lda*. Eine lineare Trennung ist für die Klassifikation der mlbench Daten ungeeignet.

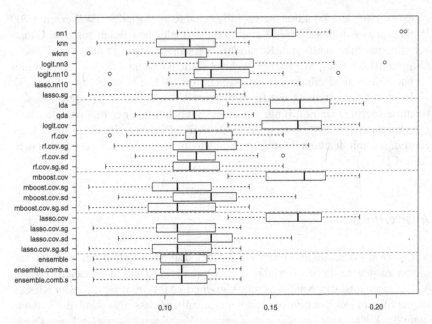

Abb. 4.2: (mlbench) Missklassifikationsraten.

Den *knn* Ergebnissen, kommen diejenigen von *rf.cov* sehr nahe. Hinsichtlich der Kovariablenwichtigkeit, werden sowohl *a*, als auch *b* als annährend gleich informativ eingestuft. Eine konkrete Verbesserung der Missklassifikationsrate durch Aufnahme jeglicher Summen in das Modell, lässt sich jedoch nicht erkennen. Den generellen Summen wird zwar, im Vergleich zu den beiden Kovariablen, ein relativ hohes Gewicht zuteil, allerdings führt dies bei *rf.cov.sg* sogar zu einer geringen Verschlechterung. Je mehr Nächste Nachbarn hierbei in den Summen enthalten sind, desto wichtiger werden diese von Random Forest eingestuft. Dies zeigt sich auch bei den direktionalen Summen von *rf.cov.sd*. Allerdings bleibt das Hauptaugenmerk weiterhin auf den beiden Kovariablen. Als ebenfalls gleichwertig schneidet die gemeinsame Verwendung beider Summentypen in *rf.cov.sg.sd* ab. Betrachtet man hierbei wieder die Variablenwichtigkeit, so sieht die Grafik wie eine Mischung aus den beiden vorherigen Ansätzen aus.

Im Gegensatz zu dem auf einem ähnlichen Prinzip basierendem *rf.cov*, fallen die Missklassifikationsraten des gewöhnlichen Boostings (*mboost.cov*), deutlich schlechter aus. Allerdings lässt sich durch die Berücksichtigung der Summen eine enorme Verbesserung erzielen, wodurch das Boosting wieder konkurrenzfähig wird. Bereits durch die Aufnahme der generellen Summen (*mboost.cov.sg*) kann man eine signifikante Verbesserung verzeichnen. Werden anstelle der generellen Summen ihre richtungsbezogenen Pendants verwendet (*mboost.cov.sd*), so verbessert sich das Ergebnis zwar ebenfalls, bleibt allerdings hinter dem von *mboost.-cov.sg* zurück. Eine gleichzeitige Nutzung beider Summentypen (*mboost.cov.sg.-sd*) führt hingegen zu fast identischen Werten, wie man sie bereits durch Hinzunahme der generellen Summen erreicht hat. Dieser Umstand lässt sich dadurch erklären, dass der Großteil der hinzugewonnen Information in den generellen Summen und nicht in den Direktionalen enthalten ist.

lasso.cov, welches Fehlklassifikationen von rund 16 Prozent aufweist und Ergebnisse auf dem Niveau von *nn1* liefert, legt sein Hauptaugenmerk ungefähr zu selben Teilen auf die beiden Kovariablen. Laut Simulationsdesign, müsste zwar Kovariable *a* etwas informativer sein, allerdings lässt sich dieser Umstand durch die hohe Korrelation beider Variablen erklären. Sobald man zusätzlich zu den Kovariablen die generellen Summen hinzuzieht (*lasso.cov.sg*), führt dies zu deutlich besseren Ergebnissen. Besonders die generellen Summen der 25 nächsten Nachbarn (*sg.25*) scheinen einen sehr hohen Informationsgehalt zu besitzen, wohingegen *sg.5* nur sehr selten selektiert wird. Nutzt man anstelle der generellen Summen die direktionalen Summen, so ist *lasso.cov.sd* zwar dem zu Grunde liegenden *lasso.cov* überlegen, wird allerdings selbst von *lasso.cov.sg* dominiert. Wie auch schon bei *rf.cov.sd* liegt das Hauptaugenmerk des Verfahrens vor allem auf den beiden Kovariablen, sowie den beiden direktionalen 25er Summen. Eine zeitgleiche Aufnahme beider Summentypen in das Modell (*lasso.cov.sg.sd*) führt zu Ergebnissen, welche sich auf dem Niveau von *lasso.cov.sg* befinden. Der Grund für diese recht ähnlichen Ergebnisse dürfte an dem überragenden Gewicht liegen, welches *sg.25* zuteil wird.

Die durch die Summen der Nächsten Nachbarn deutlich verbesserten Lasso-Ansätze, lassen sich durch die verschiedenen Ensemble-Methoden nicht weiter verbessern, verschlechtern sich aber auch nicht merklich. Bei *ensemble* fällt das Hauptaugenmerk auf die generellen Summen der Nächsten Nachbarn, welches mit zunehmender Anzahl an Nächsten Nachbarn ansteigt. Auch auf die beiden Kovariablen werden als wichtig erachtet. Die zusätzliche Verwendung der Kombination beider Kovariablen (*ensemble.comb.a*) führt zu relativ ähnlichen Ergebnissen. Dies wird damit zusammenhängen, dass die einzig mögliche Kombination zu direktionalen Summen führt, welche den generellen Summen entsprechen. Dies spiegelt sich in der Penalisierung wieder, in welcher sowohl den Summen der generellen Nächsten Nachbarn als auch deren direktionalen Pendants identische Gewichte zugeteilt werden. Demzufolge hat man durch den zusätzlichen Fall keine neuen Informationen gewonnen. Da es nur eine einzige mögliche Kombination zweier Variablen gibt, entspricht *ensemble.comb.s* exakt dem vorheri-

gen Ansatz, was sich in annährend übereinstimmenden Missklassifikationsraten
wiederspiegelt.

Sowohl beim Boosting, als auch beim Lasso Verfahren lassen sich durch beide
Summentypen enorme Verbesserung erzielen. Am meisten profitieren diese beiden Ansätze durch die zusätzliche Information, welche in den generellen Summen
enthalten ist. Random Forest profitiert hingegen nicht von den Summen.

4.2 2 dimensionale Gaußverteilung

Hierbei handelt es sich um einen Vorschlag von Hastie und Tibshirani (1996),
welcher ab sofort mit (HT1) abgekürzt wird. Es wurden zwei Kovariablen aus
einer Normalverteilung mit Varianz $\text{var}(x_1) = 1$, $\text{var}(x_2) = 2$ und einer Korrelation
von 0.75 gezogen. Die beiden Klassen unterscheiden sich ausschließlich in ihrer
Lage hinsichtlich der x-Achse, da beide Klassen um 2 Einheiten bezüglich der
Variable x_1 ($\equiv x_a$) verschoben sind. Dies hat eine leichte Überschneidung in den
Grenzgebieten beider Klassen zur Folge.

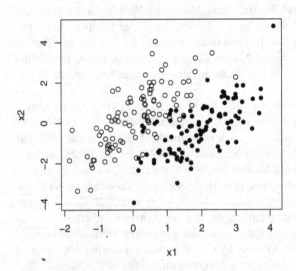

Abb. 4.3: 200 Simulationsdaten generiert nach Vorschlag von Hastie und Tibshirani (1996).

Auswertung

Wendet man das simple *nn1* Verfahren an, so schneidet dieses mit einer Fehlklassifikationsrate von ca 10% eher schlecht ab. Dies ist voraussichtlich darauf zurückzuführen, dass im Grenzbereich wie auch bei den mlbench-Daten zwischen beiden Klassen eine hohe Unsicherheit herrscht und es durch vereinzelte Ausreisser zu falschen Vorhersagen kommt. Durch die Verwendung der k-Nächsten Nachbarn (*knn*) zur Prädiktion, lässt sich eine deutliche Verbesserung im Vergleich zu *nn1* erreichen. Baut man zudem noch eine Gewichtung ein (*wknn*), so lässt sich das Ergebnis ein weiteres Mal verbessern. Hinsichtlich der rein auf den Nächsten Nachbarn basierenden Verfahren, schneidet *wknn* am besten ab. Die Anwendung der logistischen Regression auf die drei Nächsten Nachbarn (*logit.nn3*) schneidet nur marginal schlechter ab als *knn*. Die Aufnahme von weiteren Nachbarn (*logit.nn10*) zahlt sich nicht aus. Auch die zusätzliche Penalisierung in *lasso.nn10* hat keine erwähnenswerte Auswirkung. Der Umstieg auf die gestaffelten Summen (*lasso.sg*) macht sich jedoch bezahlt.

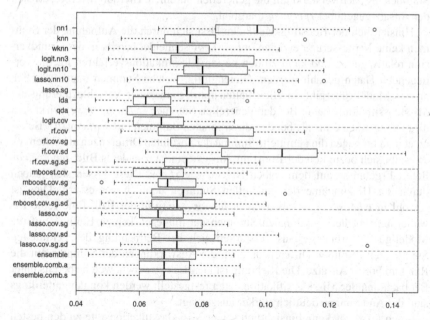

Abb. 4.4: (HT1) Missklassifikationsraten.

Bei den beiden Vergleichsverfahren *lda* und *qda* handelt es sich in diesem Datenbeispiel um die beiden effizientesten Klassifikationsverfahren. Da eine lineare Trennung der Daten möglich ist, ist *lda* dem flexibleren *qda* überlegen. Aber auch *logit.cov* erzielt sehr gute Ergebnisse, die sich jedoch nicht ganz mit denen von *lda* messen können.

Erstaunlicherweise zählt *rf.cov* bei vorliegenden Simulationsdaten nicht zu den besten, sondern eher zu den schlechtesten Klassifikationsverfahren. Und das obwohl der größere Einfluss von Kovariable *a*, richtig erkannt wird. Durch die Hinzunahme der generellen Summen liefert *rf.cov.sg* zwar etwas bessere Klassifikationen, reicht aber nicht an die Boosting-, Lasso- und Vergleichverfahren heran. Ergänzend zu Kovariable *a* erhalten die generellen Summen ein erhöhtes Gewicht. Hierbei nimmt deren Relevanz mit der Anzahl an enthaltenen Nächsten Nachbarn zu. *rf.cov.sd* legt neben Kovariable *a* ein erhöhtes Gewicht auf deren individuelle Summen. Allerdings verschlechtert sich die Missklassifikationsrate sogar im Vergleich zu *rf.cov*, wordurch es mit einer Missklassifikationsrate von ca 11% zum schlechtesten der untersuchten Verfahren verkommt. *rf.cov.sg.sd* legt sein Hauptaugenmerk sowohl auf die Kovariable *a* und deren richtungsbezogenen Summen als auch verstärkt auf die generellen Summen. Hierdurch verbessert sich der Ansatz gegenüber *rf.cov. sg* marginal.

Hinsichtlich der Boosting-Methoden lässt sich durch die Aufnahme der Summen keine Verbesserung erzielen. *mboost.cov* schneidet bereits in der Grundversion relativ gut ab und kann zu den besten Klassifikationsverfahren für die vorliegenden Daten gezählt werden. Gleichgültig, welche Summen man zusätzlich an das Modell übergibt, in allen Fällen führt es zu einer Verschlechterung der Missklassifikationsraten. Bei den generellen Summen (*mboost.cov.sg*) wirkt sich dies weniger stark aus als bei den direktionalen Summen (*mboost.cov.sd*). Betrachtet man hingegen die gemittelte Summe der absoluten Differenzen als Gütemaß, so ergibt sich bezüglich der Boosting-Ansätze ein ganz anderes Bild. *mboost.cov* liefert Ergebnisse auf dem selben Niveau wie *rf.cov*. Diese lassen sich jedoch durch die Hinzunahme der generellen Summen deutlich verbessern. Dies ist sowohl in *mboost.cov.sg*, als auch in *mboost.cov.sg.sd* der Fall. Eine reine Erweiterung um die direktionalen Summen hat hingegen keinen Einfluss auf die Modellgüte. Darüber hinaus verstärken sich bei Betrachtung der gemittelten Summe der absoluten Differenzen auch die Auswirkungen der Summen auf die Random Forest Ansätze. Die Richtung ist identisch zu denen, welche bereits unter Beobachtung der Missklassifikationsraten festgestellt werden konnten, allerdings sind die Änderungen deutlich stärker ausgeprägt.

Auch *lasso.cov* kann hinsichtlich seiner Missklassifikationsrate zu den besten Verfahren gezählt werden. Dies gelingt dem Verfahren, indem Kovariable *a* ein deutlich höheres Gewicht zugewiesen wird als Kovariable *b*. Den generellen Summen wird in *lasso.cov.sg* im Vergleich zu den Variablen keine allzu große Gewichtung zugeschrieben. Demzufolge führt deren Hinzunahme zu einer marginalen Verschlechterung der Missklassifikationsraten. Auch die direktionalen Summen werden von *lasso.cov.sd* weitestgehend vernachlässigt, wodurch sich das Ergebnis abermals verschlechtert. Daher ist es auch nicht weiter verwunderlich, dass auch *lasso.cov.sg.sd* sein Hauptaugenmerk auf die beiden Kovariablen legt, was wiederum zu Ergebnissen führt, die hinter denen von *lasso.cov* zurückbleiben.

Allerdings zeigt sich auch hier bei Betrachtung der gemittelten Summen der absoluten Differenzen ein anderes Bild. Hier zeigt sich nur bei Aufnahme der direktionalen Summen in *lasso.cov.sd* eine erkennbare Verschlechterung. Bei den beiden Ansätzen, welche die generellen Summen enthalten, kann man sogar eine maringale Verbesserung erahnen.

Die *ensemble*-Ansätze befinden sich hinsichtlich ihrer Missklassifikationsraten auf dem Niveau von *lasso.cov*. Analog zum mlbench Fall macht es bei nur zwei vorhandenen Kovariablen nur wenig Sinn deren Kombination als zusätzlichen Durchlauf hinsichtlich der direktionalen Summen mit in die Vorhersage aufzunehmen.

Es zeigt sich, dass bei den vorliegenden Daten die Verwendung der Summen keinen zusätzlichen Nutzen bringt. Dies ist vermutlich damit zu begründen, dass sich bereits durch die beiden Kovariablen ein Großteil der Beobachtungen korrekt zuordnen lässt. Auch wenn durch die Summen keine konkrete Verbesserung erzielt werden kann ist es dennoch von Bedeutung, dass zumindest bei Verwendung der generellen Summen keine konkrete Verschlechterung herbeigeführt wird. Bei Betrachtung der gemittelten Summen der absoluten Differenzen ist sogar eine geringfügige Verbesserung erkennbar. Bezüglich der richtungsbezogenen Summen sieht es allerdings etwas anders aus. Sie besitzen keine gewinnbringende Information und führen darüber hinaus zu einer Verschlechterung der Ergebnisse.

4.3 2 dimensionale Gaußverteilung mit Störvariablen

Wie zuvor in (HT1) werden zwei Kovariablen aus einer Normalverteilung mit Varianz $\text{var}(x_1) = 1, \text{var}(x_2) = 2$ und einer Korrelation von 0.75 gezogen. Die beiden Klassen unterscheiden sich abermals ausschließlich hinsichtlich der Variable x_1 ($\equiv x_a$), welche um 2 Einheiten verschoben ist. Die Klassifikation wird allerdings durch 14 unabhängige standardnormalverteile Störvariablen ($x_c - x_p$) erschwert, da diese von den Klassifikationsverfahren als solche erkannt werden

müssen. Dieser Vorschlag stammt ebenfalls von Hastie und Tibshirani (1996) und
wird nachfolgend als (HT2) bezeichnet.

Auswertung

Alle rein auf den Nächsten Nachbarn basierenden Verfahren schneiden extrem
schlecht ab. Dies hängt damit zusammen, dass die klassischen Nächsten Nachbarn
durch die vielen uninformativen Variablen derart verfälscht werden, sodass sie
keine brauchbare Informationen mehr enthalten.

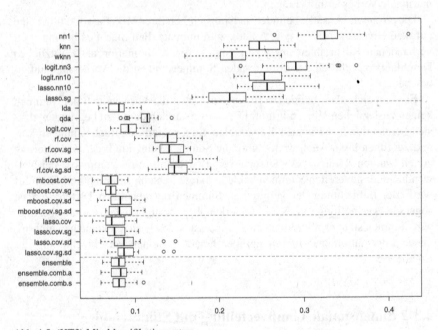

Abb. 4.5: (HT2) Missklassifikationsraten.

Demnach dürften zumindest die generellen Summen bei vorliegender Problemstellung zu keiner Verbesserung führen. Sobald man jedoch Klassifikationen
basierend auf den Kovariablen betrachtet, verbessern sich die Ergebnisse deutlich.

lda scheint in der Lage zu sein die informativen von den uninformativen Variablen unterscheiden zu können, was eine der besten Klassifikationen zur Folge
hat. Die zusätzliche Komplexität von *qda* wirkt sich hingegen nicht gerade positiv

auf die Missklassifikationsrate aus. Das erzielte Ergebnis ist zwar nicht schlecht aber das lineare Verfahren ist in diesem Fall dem Quadratischen vorzuziehen. Dank seiner ebenfalls linearen Trennweise, sind die Resultate von *logit.cov* nur geringfügig schlechter als diejenigen von *lda*.

Wie auch schon bei (HT1) schneidet *rf.cov* im Vergleich zu den anderen Verfahren – mit Ausnahme derer die ausschließlich auf den klassischen Nächsten Nachbarn basieren – eher schlecht ab und das obwohl die beiden informativen Kovariablen relativ gut erkannt werden. Der Grund hierfür liegt vermutlich in der Konstruktionstheorie des Random Forests. Da bei jedem Split nur ein gewisser Anteil an Variablen zur Splitwahl gezogen werden, besteht das Risiko, dass keine der beiden informativen Kovariablen ausgewählt wurden. Dies führt dann zu einem Split, welcher auf gänzlich uninformativen Variablen aufbaut, was dementsprechend schlechte Ergebnisse zur Folge hat. Eine Hinzunahme der generellen Summen (*rf.cov.sg*) verschlimmert diese Situation, was sich in einer geringfügigen Verschlechterung der Missklassifikationsergebnisse wiederspiegelt. Erstaunlicherweise wird den generellen Summen sogar ein relativ hoher Stellenwert eingeräumt. Bei *rf.cov.sd* legt das Verfahren sein Hauptaugenmerk auf die beiden informativen Kovariablen, sowie auf die direktionalen Summen von Variable *a*. Dies mag zwar richtig sein, aber da sich das Verhältnis von informativen gegenüber uninformativen Variablen im Vergleich zu *rf.cov* nicht verbessert, ist es nicht verwunderlich, dass *rf.cov.sd* schlechter abschneidet. Bei einer Erweiterung um beide Summentypen (*rf.cov.sg.sd*) werden zusätzlich zu den Kovariablen *a* und *b* abermals die direktionalen Summen hinsichtlich *a*, sowie die generellen Summen als wichtig eingestuft. Aber auch hier schneidet das ursprüngliche *rf.cov* besser ab.

Betrachtet man hingegen die gemittelten Summen der absoluten Differenzen als Gütemaß, so sind die Ergebnisse der Random Forest Ansätze zwar weiterhin alles andere als gut, jedoch lassen sich geringfügige Verbesserungen mit Hilfe beider Summentypen erzielen.

Das theoretisch zum Random Forest relativ ähnliche *mboost.cov*, führt hingegen meistens zu den besten Ergebnissen aller verwendeten Verfahren. In über 50% der Durchläufe konnte es sich als bester Klassifikator behaupten. Die Nutzung der generellen Summen (*mboost.cov.sg*) konnte allerdings auch in diesem Fall keine weitere Verbesserung hervorrufen, führt jedoch auch zu keiner Verschlechterung. Diese tritt allerdings ein, sobald direktionale Summen in das Modell mit aufgenommen werden (*mboost.cov.sd* und *mboost.cov.sg. sd*).

Auch der *lasso.cov* Ansatz ist in der Lage die beiden wichtigen Kovariablen herauszufiltern und liefert dementsprechend Ergebnisse, welche mit denen des Boostings konkurrieren können. Die generellen Summen werden bei *lasso.cov.sg* fast komplett vernachlässigt, weshalb sich die Missklassifikationsraten im Bereich von *lasso.cov* bewegen. Selbst nach Hinzufügen der richtungsbezogenen Summen (*lasso.cov.sd*), sieht der Stellenwert der übergebenen Prädiktoren ähnlich aus. Sogar die direktionalen Summen der informativen Variablen erhalten nur eine sehr niedrige Gewichtung. Daher ist es auch nicht weiter verwunderlich, dass durch die gestiegene Anzahl an nicht genutzten Parametern auch die Missklassifikationsraten von *lasso.cov.sd*, sowie *lasso.cov.sg.sd* etwas schlechter ausfallen als bei *lasso.cov*.

Auch alle drei *ensemble*-Ansätze liefern Missklassifikationsraten, welche nahe an das Niveau von *lasso.cov* heranreichen. Wie auch schon bei den Lasso-Verfahren liegt das Hauptaugenmerk in fast jedem Durchlauf auf den Kovariablen *a* und *b*. Die einzige Ausnahme bildet hierbei der Durchlauf, in dem die direktionalen Summen für die Kombination der beiden informativen Variablen zur Auswahl stehen. Dann verteilt sich der Einfluss sowohl auf die beiden Kovariablen als auch deren gemeinsame direktionale Summen. Da es sich aber nur um einen einzigen Durchlauf handelt, besitzt dieser nur einen geringen Einfluss und hat darüber hinaus keine Veränderung der Ergebnisse von *ensemble.comb.a*, oder *ensemble.comb.s* zur Folge.

In Anbetracht der vielen Störvariablen ist es nicht weiter verwunderlich, dass eine Verbesserung mittels der generellen Summen nicht sehr erfolgsversprechend verläuft. Allerdings hält sich auch hier die Veränderung in Grenzen, sodass trotz des Hinzufügens von nicht relevanten Summen, keine signifikante Veränderung hinsichtlich der Vorhersagegüte erfolgt. Aber besonders die direktionalen Summen, welche für solche Datensituationen gedacht sind, können die Erwartungen nicht erfüllen. Random Forest erkennt die direktionalen Summen der informativen Kovariablen zwar als wichtig an, dies führt trotzdem zu einer Verschlechterung der Missklassifikationsrate. Auch bei Lasso und Boosting ist eine Verschlechterung zu vermerken. Hier sind die Ansätze jedoch erst gar nicht in der Lage die informativen direktionalen Summen herauszufiltern.

4.4 Einfaches Klassifikationsproblem

Beim einfachen Klassifikationsproblem, welches nachfolgend als (easy) bezeichnet wird, handelt es sich ebenfalls um einen Vorschlag von Hastie et al. (2009) (Seite 468). Es besteht aus 10 unabhängigen Variablen $x_a, \ldots, x_j$, welche gleichverteilt zwischen den Werten 0 und 1 vorliegen. Die Klassenzugehörigkeit hängt allerdings nur von der ersten Variable ab.

$$y = I\left(x_a > \frac{1}{2}\right)$$

Alle anderen Variablen haben keinen Einfluss auf die Klassenzugehörigkeit und enthalten dementsprechend keine für eine Vorhersage notwendigen Informationen. Da die Klasse in diesem Fall nach einem festen Schema bestimmt wurde beträgt der Bayesfehler in dieser Simulation gleich 0. Im Gegensatz zu den vorherigen Simulationen ist nun eine Gleichverteilung der Beobachtungen auf beide Klassen nicht mehr gewährleistet. Allerdings werden die Häufigkeiten auf Grund des Simulationsaufbaus nur geringe Abweichungen voneinander aufweisen.

Auswertung

Alle rein auf den Nächsten Nachbarn basierenden Verfahren schneiden im Vergleich zu den restlichen Klassifikationsmethoden deutlich schlechter ab. Dies liegt daran, dass bei der Ermittlung der generellen Nächsten Nachbarn die 9 uninformativen Kovariablen einen extrem großen Einfluss ausüben, was eine sinnvolle Verwendung der Nächsten Nachbarn zur Klassifikation zunichte macht. Dies trifft jedoch nicht auf die direktionalen Summen hinsichtlich der Kovariable *a* zu.

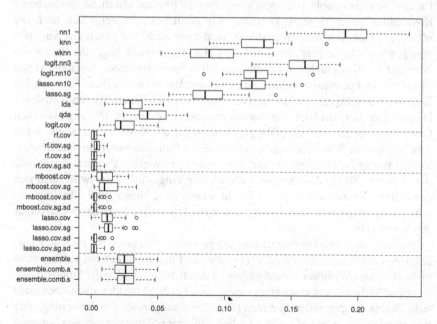

Abb. 4.6: (easy) Missklassifikationsraten.

Am schlechtesten schneidet in Bezug auf die Missklassifikationsrate abermals das simple *nn1* ab. Durch die Verwendung mehrerer Nächster Nachbarn verbessert sich das Ergebnis schon merklich, was sich durch deren Gewichtung sogar noch weiter verbessern lässt. Abermals nimmt die Güte der logistischen Regression mit zunehmender Anzahl an betrachteten Nachbarn zu. Sowohl *logit.nn10* als auch deren penalisiertes Pendant *lasso.nn10* befinden sich auf dem Niveau von *knn*. Durch die Verwendung der generellen Summen kann *lasso.sg* sogar mit *wknn* konkurrieren.

Anhand der Vergleichsverfahren *lda* und *qda* zeigt sich jedoch, dass mit Hilfe der Kovariablen deutlich bessere Prognosen möglich sind. Da die simulierten Daten linear trennbar sind, ist es nicht weiter verwunderlich, dass *lda* dem flexibleren *qda* überlegen ist. Die lineare Trennbarkeit begünstigt auch *logit.cov*, welches mit Missklassifikationsraten von um die 2% sogar noch ein bisschen effizienter ist.

Die verschiedenen Random Forest Ansätze liefern alle sehr gute Missklassifikationsraten. In einem Großteil der Simulationsdurchläufe wurden sogar alle Testdaten korrekt klassifiziert, was eine weitere Verbesserung extrem schwierig gestaltete. Denn selbst im schlechtesten Durchlauf liegen nur sehr geringe Missklassifikationsraten vor. Dies verdankt *rf.cov* dem Umstand, dass der alleinige Einfluss von Kovariable *a* entdeckt wurde und der Einfluss sämtlicher verbliebener Kovariablen gegen 0 gedrückt wurde. Ein ähnliches Bild zeigt sich auch bei *rf.cov.sg*. Zusätzlich zur Kovariable *a*, wird zwar auch den generellen Summen eine gewisse Aufmerksamkeit zuteil. Das Hauptaugenmerk liegt allerdings weiterhin auf der Kovariablen *a*. Da die generellen Summen jedoch durch die vielen Störvariablen beeinflusst werden, ist es nicht weiter verwunderlich, dass sich das Ergebnis geringfügig verschlechtert. Eine etwas bessere Klassifikation wird durch Hinzunahme der direktionalen Summen erreicht (*rf.cov.sd*). Die zugewiesenen Gewichte verteilen sich ungefähr gleich stark auf die Kovariable *a*, sowie deren drei direktionale Summen, welche auf Grund des Simulationsaufbaus einen hohen Informationsgehalt besitzen sollten. Bei *rf.cov.sg.sd* werden abermals Kovariable *a* und deren direktionale Summen als wichtig eingestuft. Zwar wird auch den generellen Summen ein gewisser Einfluss unterstellt, dieser wird allerdings als sehr gering eingestuft. Daher entsprechen die Ergebnisse letztenendes ungefähr denen von *rf.cov*.

Indessen zeigt sich bei Betrachtung der gemittelten Summen der absoluten Differenzen ein etwas anderes Bild. *rf.cov* schneidet in diesem Fall bei weitem nicht mehr als bestes Verfahren ab und zudem ist durch die Aufnahme der Summen eine deutliche Verbesserung erkennbar, welche man bei den Missklassifikationen nicht sieht. Selbst die generellen Summen führen zu einer geringen Verbesserung, aber besonders *rf.cov.sd* und *rf.cov.sg.sd* fallen dank der richtungsbezogenen Summen deutlich besser aus als *rf.cov*. Hier zeigt sich deutlich, dass je nach der gewählten Güte der Nutzen der Summen unterschiedlich eingestuft wird.

Im Gegensatz zu *rf.cov* kann *mboost.cov* in seiner Grundform nur in sehr wenigen Fällen eine optimale Vorhersage liefern. Die Ergebnisse sind zwar immer noch als sehr gut einzustufen, jedoch wurde anhand von anderen Verfahren gezeigt, dass es prinzipiell möglich ist eine perfekte Vorhersage abzuliefern. Allerdings lässt sich durch Hinzunahme der direktionalen Summen (*mboost.-cov.sd* und *mboost.cov.sg.sd*) das Niveau einer nahezu perfekten Missklassifikationsrate erreichen. Da die generellen Summen verzerrt sind, ist es nicht weiter verwunderlich, dass *mboost.cov.sg* im Vergleich zu *mboost.cov* eher etwas schlechter zu sein scheint.

lasso.cov identifiziert zwar Kovariable *a* als einzige relevante Einflussgröße und drückt sämtliche verbliebenen Kovariablen gegen 0, aber dennoch wird nur in sehr wenigen Fällen eine optimale Klassifikation erreicht. Nichtsdestotrotz darf man nicht übersehen, dass wir hier von Missklassifikationsraten im Bereich von ca 1% sprechen, was alles andere als viel ist. Fast identische Ergebnisse ergeben sich durch die Hinzunahme der generellen Summen (*lasso.cov.sg*), da diesen kein Gewicht zugeschrieben wird. Ein etwas anderes Bild ergibt sich sobald die direktionalen Summen an das Modell übergeben werden. Sowohl in *lasso.cov.sd*, als auch in *lasso.cov.sg.sd*, werden ausschließlich die direktionalen Summen von Kovariable *a* zur Klassifikation genutzt. Das Hauptaugenmerk liegt vor allem auf *sg.a.5*, aber auch *sg.a.10* bekommt noch einen recht hohen Stellenwert zugewiesen. Dank dieser Gewichtung ist es beiden Ansätzen möglich eine deutlich erkennbare Verbesserung im Vergleich zu *lasso.cov* zu erzielen.

Mit Missklassifikationsraten um die 2.5% liefern die *ensemble*-Ansätze zwar ganz gute Ergebnisse, bleiben jedoch hinter vergleichbaren Verfahren zurück. In fast jedem Durchlauf liegt der Schwerpunkt auf Kovariable *a*, wohingegen alle anderen Kovariablen korrekterweise nicht berücksichtigt werden. Auch die generellen und direktionalen Summen spielen keine wichtige Rolle. Die einzige Ausnahme hierbei stellen Durchläufe dar, in denen die direktionalen Summen sich konkret auf Kovariable *a* oder im Fall von *ensemble.comb.a* oder *ensemble.comb.s* auf eine 2er Kombination beziehen, in denen Kovariable *a* enthalten ist. In diesen Fällen verschiebt sich das Hauptaugenmerk auf die direktionalen Summe der 5 Nächsten Nachbarn. Allerdings erweisen sich auf Grund des Klassifikationsproblems die meisten Kombinationen als vollkommen irrelevant. Dies hat zur Folge, dass die Klassifikation wieder ausschließlich auf der Kovariablen *a* beruht, was auch die ähnlichen Ergebnisse der drei Ansätze erklärt.

Wie auch schon bei (HT2) enthalten die generellen Summen auf Grund der vielen uninformativen Kovariablen keine verwertbare Information, was sich in einem minimalen Anstieg der Fehlklassifikationen wiederspiegelt. Nichtsdestotrotz verringert sich in diesen Fällen dennoch die gemittelte Summe der absoluten Differnzen. Beim quadratischen Pendant hingegen zeigt sich kein nennenswerter Unterschied zu den ursprünglichen Verfahren. Im Gegensatz zu (HT2) machen sich nun allerdings die richtungsbezogenen Summen bezahlt. Sobald diese in das Modell aufgenommen werden verbessern sich alle 3 Gütemaße signifikant. Allerdings ist hier die Identifizierung der informativen Variablen etwas einfacher, da einerseits weniger Störvariablen vorkommen und andererseits nur eine einzige der ursprünglichen Kovariablen einen zu berücksichtigenden Effekt besitzt.

4.5 Schwieriges Klassifikationsproblem

Das schwierige (difficult) Klassifikationsproblem wurde ebenfalls von Hastie et al. (2009) (Seite 468) vorgeschlagen. Die 10 unabhängigen Variablen stammen abermals jeweils aus einer Gleichverteilung zwischen 0 und 1. Die Klassenzugehörigkeit wird nun allerdings auf deutlich kompliziertere Weise festgelegt.

$$y = I\left(\text{sign}\left\{ \left(x_a - \frac{1}{2} \right) \cdot \left(x_b - \frac{1}{2} \right) \cdot \left(x_c - \frac{1}{2} \right) \right\} > 0 \right)$$

Die Klassenzugehörigkeit basiert auf dem Vorzeichen des Produktes der ersten drei Variablen. Des weiteren wird eine Vorhersage durch die verbliebenen 7 gänzlich uninformativen Variablen erschwert.

Auswertung

Das schwierige Klassifikationsproblem macht seinem Namen alle Ehre. Es erweist sich als sehr schwer klassifizierbar, denn selbst in den besten Fällen werden noch knapp 40% der Beobachtungen falsch vorhergesagt. Viele Verfahren befinden sich sogar auf einem Niveau, welches man durch pures Raten erwarten würde. Die besten Ergebnisse liefert das simple *nn1* Verfahren mit einer Missklassifikationsrate von etwas unter 40%. Es ist erstaunlich, dass trotz der 7 uninformativen Variablen, welche sich auf die Bestimmung der Nächsten Nachbarn als verfälschend auswirken, dieses Verfahren die besten Ergebnisse liefert. Anscheinend lässt sich mit Hilfe der Nächsten Nachbarn zumindest ein Teil der Klassenzuweisung ermitteln.

Obwohl *nn1* gezeigt hat, dass man anhand der Nächsten Nachbarn bescheidene Erfolge erzielen kann, schneidet *knn* deutlich schlechter ab. Durch eine Gewich-

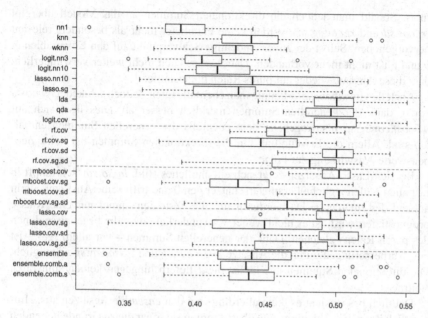

Abb. 4.7: (difficult) Missklassifikationsraten.

tung wie im Falle von *wknn* lassen sich die Ergebnisse etwas verbessern. Obwohl beide Verfahren den *nn1* Ansatz als Spezialfall enthalten, erzielen sie dennoch deutlich schlechtere Ergebnisse. Die logistische Regression basierend auf den 3 Nächsten Nachbarn (*logit.nn3*), stellt die zweitbeste Wahl unter den verwendeten Verwahren dar. Eine Erhöhung der Anzahl an beobachteten Nächsten Nachbarn (*logit.nn10*) verschlechtert wie auch schon beim *knn* Ansatz die Vorhersagegüte. Dank der Penalisierung in *lasso.nn10* liegt zwar das Hauptaugenmerk auf dem Nächsten Nachbarn, allerdings variieren die Ergebnisse sehr stark. Dies lässt sich durch einen Umstieg auf die Summen (*lasso. sg*), bei denen vor allem *sg.5* das Hauptgewicht trägt, etwas verbessern.

Weder *lda* noch *qda* oder *logit.cov* können die relevanten Kovariablen identifizieren und sollten daher nicht zur Klassifikation verwendet werden. An deren Stelle könnte man genauso gut auch raten.

Selbst das ansonsten so gute *rf.cov* ist in dieser Hinsicht nur marginal besser als eine zufällige Vorhersage und das obwohl die 3 ausschlaggebenden Variablen korrekt identifiziert und mit dementsprechenden Gewichten ausgestattet wurden. Durch Aufnahme der generellen Summen (*rf.cov.sg*) wird ein Teil des Einflusses auf diese Variablen übertragen, was zu einer minimalen Verbesserung führt. Sobald man jedoch die direktionalen Summen an das Modell übergibt (*rf.cov.sd* und *rf.cov.sg.sd*) werden keine Parameter mehr als besonders relevant hervorgehoben. Selbst der zuvor eindeutige Schwerpunkt auf den Kovariablen *a*, *b* und *c* ist nicht mehr vorhanden. Daher ist es auch nicht weiter verwunderlich, dass diese Ansätze wieder auf pures Raten hinauslaufen.

Anstelle von *mboost.cov* könnte man ebenfalls raten. Jedoch schneidet *mboost.- cov.sg* dank der generellen Summen merklich besser ab. Dies lässt sich auf *mboost.cov.sg.sd* übertragen, in dem ebenfalls die generellen Summen enthalten sind. Allein die Erweiterung um die direktionalen Summen hat keine nennenswerte Auswirkung zur Folge.

Bei den Lasso-Ansätzen zeigt sich ein ähnliches Bild. *lasso.cov* schrumpft in fast allen Fällen jegliche Parameterschätzer gen 0 und trifft seine Aussagen allein anhand des Intercepts. Da hierdurch für alle Testdaten immer nur eine Klasse prognostiziert wird, ist es nicht weiter verwunderlich, dass die Ergebnisse denen des puren Ratens gleichen. Dank der generellen Summen – vor allem *sg.5* – ist eine Verbesserungen durch die Ansätze *lasso.cov.sg* und *lasso.cov.sg.sd* möglich. Die direktionalen Summen aus *lasso.cov.sd* liefern hingegen keinen sinnvollen Beitrag.

Deutlich besser sieht es dann allerdings bei den *ensemble* Ansätzen aus. Hinsichtlich ihrer Klassifikationsgüte übertrumpfen sie sogar die zu Grunde liegenden Lasso-Ansätze. Der Schwerpunkt liegt bei allen Ensembleverfahren auf *sg.5*. Da dies auch bei den Durchläufen mit den Kombinationen der Fall ist, schneiden alle 3 Ansätze annähernd gleich gut ab.

Die unterschiedlichen rein auf den Nächsten Nachbarn basierenden Verfahren schneiden im direkten Vergleich zu den Klassifikatoren, welche ausschließlich auf den Kovariablen basieren, deutlich besser ab. Daher ist es nicht weiter verwunderlich, dass durch die Hinzunahme der generellen Summen deutliche Verbesserungen erzielbar sind. Dies überträgt sich jedoch nicht auf die richtungsbezogenen Summen, was allerdings auch nicht weiter verwunderlich ist, da die Klassifikatoren bereits enorme Probleme damit haben die relevanten Kovariablen zu identifizieren. Viel schlechter als mit purem Raten können sie durch deren Aufnahme allerdings auch nicht mehr abschneiden sodass keine konkrete Verschlechterung durch deren Aufnahme in das Modell entsteht.

4.6 Ergebnisübersicht

Fasst man die Erkenntnisse aus den vorangegangenen Simulationsdaten zusammen, so zeichnet sich ein konkreter Nutzen der generellen Summen ab. Dies wird auch in den nachfolgenden Tabellen ersichtlich, in denen die Mediane der jeweiligen Gütemaße aus den 30 Simulationsdurchläufen abgetragen sind. Um signifikante Verbesserungen (bzw. Verschlechterungen) zu identifizieren, wurden die Mediane der um die Summen erweiteren Modelle, denen der rein auf den Kovariablen basierenden Ansätze anhand eines Wilcoxon-Vorzeichen-Rang Testes (5% Niveau) gegenübergestellt. Signifikante Abweichungen sind durch einen Fettdruck hervorgehoben.

Bei genauerer Betrachtung stellt sich heraus, dass es wenige Fälle gibt, in denen es zu einer spürbaren Verschlechterungen kommt, wohingegen man in anderen Situationen durch die Berücksichtigung der Summen deutliche Verbesserungen erzielen kann.

Grundsätzlich hat es den Anschein, dass mit Hilfe der generellen Summen hinsichtlich aller drei Klassifikationsverfahren (*rf*, *mboost* und *lasso*) bessere oder zumindest gleichwertige Missklassifikationsraten erzielt werden können. Besonders in *mboost* und *lasso*-Ansätzen können die generellen Summen zu enormen Verbesserungen führen, wodurch sie dem ansonsten meist überlegenen Random Forest ebenbürtig sind oder sogar bessere Ergebnisse erzielen. Ein ähnliches Bild ergibt sich bei Betrachtung der gemittelten Summen der quadrierten Differenzen. Bezieht man sich hingegen auf die gemittelten Summen der absoluten Differenzen, so führt eine Erweiterung um die generellen Summen sogar in allen Fällen zu besseren oder zumindest gleichwertigen Ergebnissen. Selbst in Simulationsbeispielen, in denen die generellen Summen durch diverse Störvariablen negativ beeinflusst werden und somit keinen konkreten Nutzen aufweisen, sind die Ergebnisse gleichwertig oder nur minimal schlechter.

Die Ergebnisse, welche durch eine Aufnahme der richtungsbezogenen Summen erzielt werden, bleiben jedoch hinter denen ihrer generellen Pendants zurück. Einzig beim einfachen Klassifikationsproblem (easy) heben sich die direktionalen Summen ab und haben eine konkrete Verbesserung zur Folge. Dies gilt jedoch nicht für die (HT2) Daten, obwohl diese eine ähnliche Struktur aufweisen. Grundsätzlich stellt sich bei den richtungsbezogenen Summen die Masse an neu hinzukommenden Prädiktoren als problematisch heraus. Die Verfahren müssen in der Lage sein mit dieser Vielzahl an zusätzlichen Informationen umgehen zu können um eventuell relevante Summen herauszufiltern.

Betrachtet man die Variablenwichtigkeit derjenigen Ansätze, in denen beide Summentypen an das Modell übergeben werden, so erkennt man in der Visualisierung eine Art Zusammenführung der Variablenwichtigkeiten der einzeln betrachteten Summentypen. Grundsätzlich kann man behaupten, dass hierdurch jeweils die Vorzüge der beiden Summentypen in ein und dem selben Modell vereint sind, aber das stimmt so nicht immer. Ausnahmen bestätigen schließlich die Regel, wie man gut an (HT2) sehen kann. Diese Herangehensweise kann jedoch als eine Art

Kompromiss zwischen beiden Ansätzen betrachtet werden, dessen Gütemaße sich für gewöhnlich im Bereich zwischen den Erweiterungen mittels *.sg* und *.sd* bewegen.
Der *ensemble*-Ansatz bewegt sich meist auf dem Niveau von *lasso.cov. sg*. Da in den meisten Fällen keine deutlichen Unterschiede zwischen den beiden Verfahren bestehen, ist die Frage nach dem Nutzen dieses Ansatzes berechtigt. Definitiv lässt sich jedoch sagen, dass die beiden *ensemble.comb* gegenüber *ensemble* keine nennenswerte Veränderung aufweisen. Daher kann man sich die enorme Rechenzeit sparen, welche bei diesen beiden Verfahren ab einer gewissen Anzahl an Kovariablen auftreten kann.

	mlbench	(HT1)	(HT2)	easy	difficult
nn1	0.151	0.097	0.325	0.190	0.389
knn	0.112	0.076	0.248	0.129	0.439
wknn	0.110	0.072	0.216	0.088	0.428
logit.nn3	0.127	0.078	0.291	0.160	0.404
logit.nn10	0.122	0.080	0.254	0.123	0.415
lasso.nn10	0.118	0.080	0.257	0.120	0.440
lasso.sg	0.106	0.075	0.213	0.085	0.430
lda	0.164	0.062	0.082	0.029	0.500
qda	0.114	0.065	0.115	0.042	0.496
logit.cov	0.163	0.067	0.093	0.022	0.500
rf.cov	0.115	0.084	0.139	0.002	0.463
rf.cov.sg	0.120	**0.076**	0.141	**0.004**	**0.446**
rf.cov.sd	0.115	**0.105**	**0.152**	0.002	**0.500**
rf.cov.sg.sd	0.112	**0.075**	**0.147**	0.002	**0.481**
mboost.cov	0.166	0.067	0.072	0.008	0.502
mboost.cov.sg	**0.106**	0.069	0.072	**0.010**	**0.430**
mboost.cov.sd	**0.122**	0.074	0.083	0.002	0.502
mboost.cov.sg.sd	**0.106**	0.072	0.082	0.002	**0.465**
lasso.cov	0.163	0.066	0.073	0.012	0.496
lasso.cov.sg	**0.106**	0.068	0.076	**0.013**	**0.449**
lasso.cov.sd	**0.122**	0.072	0.087	0.002	0.502
lasso.cov.sg.sd	**0.106**	0.072	0.087	0.002	**0.475**
ensemble	0.109	0.068	0.081	0.025	0.440
ensemble.comb.a	0.108	0.068	0.083	0.026	0.436
ensemble.comb.s	0.108	0.068	0.081	0.025	0.438

Tabelle 4.1: (Simulierte Datensätze) Übersicht der Mediane aller Verfahren bezüglich der Missklassifikationsraten von 30 Durchläufen. Signifikante Wilcoxon-Vorzeichen-Rang Tests zum 5% Niveau sind durch einen Fettdruck hervorgehoben. Die zugehörigen Visualisierungen der Tests befinden sich im Anhang.

	mlbench	(HT1)	(HT2)	easy	difficult
nn1	0.151	0.097	0.325	0.190	0.389
knn	0.171	0.132	0.382	0.246	0.477
wknn	0.169	0.131	0.399	0.294	0.480
logit.nn3	0.192	0.130	0.389	0.227	0.469
logit.nn10	0.163	0.111	0.330	0.154	0.465
lasso.nn10	0.180	0.125	0.341	0.169	0.489
lasso.sg	0.158	0.114	0.300	0.126	0.478
lda	0.222	0.096	0.106	0.060	0.499
qda	0.166	0.095	0.133	0.067	0.498
logit.cov	0.220	0.094	0.105	0.023	0.499
rf.cov	0.159	0.134	0.287	0.078	0.490
rf.cov.sg	**0.151**	**0.103**	**0.263**	**0.057**	**0.482**
rf.cov.sd	0.164	**0.170**	**0.281**	**0.028**	**0.501**
rf.cov.sg.sd	**0.154**	0.113	**0.267**	**0.026**	**0.496**
mboost.cov	0.232	0.132	0.139	0.070	0.500
mboost.cov.sg	**0.162**	**0.107**	0.139	0.070	**0.483**
mboost.cov.sd	**0.188**	**0.136**	**0.153**	**0.012**	0.501
mboost.cov.sg.sd	**0.166**	**0.110**	**0.153**	**0.012**	**0.488**
lasso.cov	0.226	0.100	0.119	0.041	0.500
lasso.cov.sg	**0.160**	0.098	0.120	0.041	**0.484**
lasso.cov.sd	**0.185**	**0.107**	**0.137**	**0.009**	0.500
lasso.cov.sg.sd	**0.165**	0.098	**0.137**	**0.009**	**0.489**
ensemble	0.167	0.106	0.153	0.080	0.484
ensemble.comb.a	0.168	0.105	0.153	0.077	0.484
ensemble.comb.s	0.164	0.105	0.152	0.079	0.483

Tabelle 4.2: (Simulierte Datensätze) Übersicht der Mediane aller Verfahren bezüglich der gemittelten Summen der absoluten Differenzen von 30 Durchläufen. Signifikante Wilcoxon-Vorzeichen-Rang Tests zum 5% Niveau sind durch einen Fettdruck hervorgehoben. Die zugehörigen Visualisierungen der Tests befinden sich im Anhang.

	mlbench	(HT1)	(HT2)	easy	difficult
nn1	0.151	0.097	0.325	0.190	0.389
knn	0.079	0.058	0.179	0.103	0.249
wknn	0.078	0.055	0.175	0.106	0.243
logit.nn3	0.100	0.066	0.198	0.119	0.240
logit.nn10	0.091	0.067	0.175	0.089	0.247
lasso.nn10	0.088	0.062	0.175	0.088	0.250
lasso.sg	0.078	0.055	0.146	0.061	0.243
lda	0.116	0.048	0.059	0.022	0.263
qda	0.081	0.048	0.087	0.030	0.304
logit.cov	0.116	0.049	0.071	0.022	0.263
rf.cov	0.091	0.064	0.115	0.009	0.254
rf.cov.sg	**0.086**	**0.060**	**0.111**	**0.011**	**0.250**
rf.cov.sd	**0.086**	**0.078**	**0.117**	**0.002**	**0.264**
rf.cov.sg.sd	**0.082**	**0.060**	0.112	**0.003**	**0.259**
mboost.cov	0.116	0.051	0.054	0.020	0.252
mboost.cov.sg	**0.078**	0.052	**0.054**	0.020	**0.244**
mboost.cov.sd	**0.089**	**0.054**	**0.062**	**0.002**	**0.278**
mboost.cov.sg.sd	**0.078**	**0.054**	**0.062**	**0.002**	**0.263**
lasso.cov	0.116	0.048	0.055	0.013	0.251
lasso.cov.sg	**0.078**	**0.051**	0.056	0.013	**0.249**
lasso.cov.sd	**0.090**	**0.052**	**0.066**	**0.002**	**0.269**
lasso.cov.sg.sd	**0.080**	**0.055**	**0.066**	**0.002**	**0.255**
ensemble	0.078	0.051	0.059	0.025	0.246
ensemble.comb.a	0.078	0.051	0.059	0.024	0.244
ensemble.comb.s	0.078	0.051	0.059	0.024	0.244

Tabelle 4.3: (Simulierte Datensätze) Übersicht der Mediane aller Verfahren bezüglich der gemittelten Summen der quadrierten Differenzen von 30 Durchläufen. Signifikante Wilcoxon-Vorzeichen-Rang Tests zum 5% Niveau sind durch einen Fettdruck hervorgehoben. Die zugehörigen Visualisierungen der Tests befinden sich im Anhang.

Kapitel 5
Reale Datensätze

Simulierte Daten weisen meist Besonderheiten in ihrer Datenstruktur auf. Mittels dieser konstruierten Besonderheiten möchte man überprüfen ob ein Klassifikationsverfahren mit der vorgegebenen Konstellation umgehen kann. Allerdings sind Ergebnisse aus den Simulationsstudien nicht direkt auf die Klassifikationsgüte der Verfahren bei echten Daten übertragbar, weshalb hierfür eine Anwendung der Verfahren auf echte Daten zwingend erforderlich ist. Hierzu wurden nachfolgende Datensätze, an denen eine binäre Klassifikation vorgenommen werden kann, ausgewählt. Die Datensätze unterscheiden sich in ihrer Anzahl und Art an zur Verfügung stehenden Variablen. Auch hinsichtlich der Beobachtungsanzahl gibt es große Unterschiede.

Da man im Vergleich zu simulierten Daten nicht für jeden Durchlauf neue Daten generieren kann, muss jeder Datensatz in jedem Durchlauf erneut in Lern- und Testdaten aufgeteilt werden. Insgesamt erfolgt diese zufällige Aufteilung bei jedem Datensatz 30 Mal. Hierbei werden 70% der Daten als Lerndaten zum Anlernen der Klassifikatoren deklariert. Die restlichen 30%, werden zur Überprüfung der Klassifikationsgüte der einzelnen Verfahren verwendet. Dieses Vorgehen gewährleistet, dass Beobachtungen an denen ein Verfahren angelernt wurde nicht zu dessen Evaluation genutzt werden, was ansonsten verfälschte Ergebnisse zur Folge hätte. Ein weiterer Unterschied zu simulierten Daten ist die unterschiedliche Auftrittswahrscheinlichkeit der beiden Klassen. In den Simulationen waren beide Klassen jeweils gleich stark vertreten, was bei echten Datensätzen allerdings nicht gewährleistet werden kann. Dies beeinflusst vor allem Verfahren, welche auf den Nächsten Nachbarn basieren, da prinzipiell eine Vorhersage der stärker besetzten Klasse wahrscheinlicher ist (siehe Aßfalg et al. (2003) Seite 89). In den nachfolgenden Datensätzen werden deshalb die absoluten Häufigkeiten beider Klassen in der Datensatzbeschreibung erwähnt.

5.1 Glas Identifikation

Der Glas Datensatz findet häufig Anwendung in der Überprüfung neuer Klassifikationsverfahren. Ursprünglich wurden die Daten im Rahmen der Verbrechensaufklärung von der Kriminaltechnik erhoben, um Täter mit Hilfe von Glasfragmenten zu überführen. Die in den Ermittlungen verwendeten Vergleichsproben, deren Ursprung bekannt ist, wurden für zukünftige Analysen zusammengetragen (Evett und Spiehler (1987) S.109). Letztenendes ist auf diese Weise der vorliegende Datensatz entstanden, welcher insgesamt 214 Glasproben enthält. Diese Proben verteilen sich auf 7 unterschiedliche Glastypen. Da die zu untersuchenden Klassifikationsverfahren auf eine binäre Datenlage angewiesen sind werden nur die beiden meist besetzten Klassen (*float processed building windows* und *non-float processed building windows*) verwendet. Beide Klassen sind mit 70, bzw. 76 Beobachtungen annährend gleich stark besetzt. Um Vorhersagen über die Glasherkunft zu treffen, stehen neben dem Brechungsindex (RI) noch der Anteil von 8 chemischen Elementen (Na, Mg, Al, Si, K, Ca, Ba und Fe) der Glaszusammensetzung zur Verfügung. Allen Kovariablen liegt das metrische Skalenniveau zu Grunde und es treten keine fehlenden Werte auf. Der Glas Datensatz wird von der UCI Machine Learning Repository zur Verfügung gestellt.

Je nachdem für welches Verfahren man sich zur Unterscheidung der beiden Glassorten entscheidet, kann man Missklassifikationsraten zwischen 10 und 40 Prozent erwarten. Mit einer Missklassifikationsrate von ca 20%, schneidet *nn1* gar nicht so schlecht ab. Besonders im Vergleich zu den restlichen, rein auf den Nächsten Nachbarn basierenden Klassifikatoren trifft man mit *nn1* die beste Wahl. Weder durch die Berücksichtigung der k-Nächsten Nachbarn (*knn*), noch durch deren zusätzliche Gewichtung (*wknn*) kann man *nn1* das Wasser reichen. *logit.nn3* liefert ebenfalls ganz passable Missklassifikationsraten. Die Aufnahme von weiteren Nächsten Nachbarn in die logisitsche Regression (*logit.nn10*) hat jedoch eine Verschlechterung zur Folge. Dank der Penalisierung legt *lasso.nn10* sein Hauptaugenmerk auf den Nächsten sowie Übernächsten Nachbarn und liefert ähnliche Ergebnisse wie zuvor schon die logistische Regression. Eine geringfügige Verbesserung lässt sich durch Verwendung der Summen in *lasso.sg* erzielen. Je mehr der Nächsten Nachbarn in den Summen enthalten sind, desto geringer fällt deren Einfluss aus.

Im direkten Kontrast zu den auf den Nächsten Nachbarn basierenden Verfahren, zählt *lda* zu den schlechtesten Verfahren. Trotz der zusätzlichen Flexibilität seitens *qda*, verschlechtern sich die Ergebnisse sogar noch weiter. Auf Grund der ähnlichen Theorie zu *lda* ist es nicht weiter verwunderlich, dass *logit.cov* genauso schlecht abschneidet.

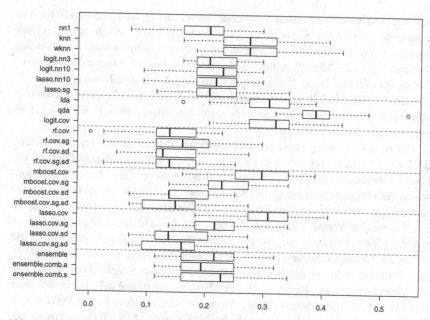

Abb. 5.1: (Glas Identifikation) Missklassifikationsraten.

Im Gegensatz zu den meist eher mittelmäßigen Ergebnissen bei den Simulationdaten kann Random Forest bei der Glasidentifikation sein volles Potential entfalten. Die unterschiedlichen Ansätze erzielen die besten Ergebnisse und sind den zuvor vorgestellten Verfahren deutlich überlegen. In der Grundform legt *rf.cov* sein Hauptaugenmerk auf den Brechungsindex, sowie auf die Elemente Ca, Al und Mg. Bei Hinzunahme der generellen Summen (*rf.cov.sg*) wird zudem ein erhöhtes Gewicht auf *sg.5* sowie *sg.10* gelegt. Dies führt jedoch zu einem Anstieg der Missklassifikationsraten. Werden stattdessen die direktionalen Summen hinzugefügt (*rf.cov.sd*), so wird zusätzlich zu den 4 zuvor genannten Kovariablen vor allem den direktionalen Summen von RI und Al eine zunehmende Bedeutung zuteil. Dadurch ist eine geringfügige Verbesserung gegenüber *rf.cov* möglich. Vergleichbare Ergebnisse liefert *rf.cov.sg.sd*, wo zudem die generellen Summen *sg.5* und *sg.10* an Bedeutsamkeit gewinnen. Die restlichen Gewichte entsprechen jedoch denjenigen aus *rf.cov.sd*, was auch die ähnlichen Ergebnisse erklärt.

Im Vergleich zu den übrigen Verfahren, schneidet *mboost.cov* bei den vorliegenden Daten relativ schlecht ab. Die erzielten Ergebnisse sind in etwa mit denen von *logit.cov* und *lda* vergleichbar. Selbst das simple *nn1* wäre in diesem Fall noch vorzuziehen. Jedoch lässt sich das Verfahren durch die Hinzunahme der Summen enorm aufwerten. Eine erste Verbesserung lässt sich durch die Aufnahme der generellen Summen erzielen (*mboost.cov.sg*). Noch besser schneidet *mboost.cov.sd* ab, welches anstelle der generellen Summen die direktionalen Summen mit in das Modell aufnimmt. Am allerbesten schlägt sich jedoch *mboost.-cov.sg.sd*, welches beide Summentypen zusätzlich zu den Kovariablen in ein und demselben Modell vereint. Durch die zusätzlichen Informationen können *mboost.cov.sd* und *mboost.cov.sg.sd* sogar mit den unterschiedlichen Random Forest Ansätzen konkurrieren.

Ein zu den Boosting Ansätzen sehr ähnliches Bild zeigt sich bei Betrachtung der Lasso-Ansätze. *lasso.cov* legt sein Hauptaugenmerk fast ausschließlich auf die beiden Elemente Al und Mg. Dies hat jedoch nur mittelmäßige Missklassifikationsraten zur Folge. Sobald die generellen Summen ins Spiel kommen (*lasso.cov.sg*) dominieren vor allem *sg.5* sowie *sg.10* die Klassifikationsentscheidung, was zu einer gewissen Verbesserung führt. Fügt man jedoch die richtungsbezogenen Summen hinzu (*lasso.cov.sd*), so wird neben den Kovariablen Al und Mg, sowie deren direktionalen Summen auch den beiden Summen *sd.Rl.5* und *sd.Rl.10* eine hohe Gewichtung zuteil. Diese wurden auch beim vergleichbaren *rf.cov.sd* als wichtig eingestuft. Hinsichtlich der Missklassifikationsraten macht sich dies recht stark bemerkbar, sodass dieser Ansatz mit den Random Forest Verfahren in Konkurrenz treten kann. Die Übergabe beider Summen zugleich (*lasso.cov.sg.sd*), führt zu recht ähnlichen Ergebnissen wie auch schon *lasso.cov.sd*.

Die verschiedenen *ensemble*-Ansätze legen vor allem Gewichte auf die Kovariablen Rl, Mg, Al sowie auf die generellen Summen *sg.5* und *sg.10*. Auf Basis dieser Informationen sind deren Ergebnisse mit denen von *lasso.cov.sg* vergleichbar. Die Durchführung von zusätzlichen Durchläufen mit Berücksichtigung der 2er Kombinationen hat keine erwähnenswerte Verbesserung zur Folge.

Die sehr guten Vorhersagen von Random Forest lassen sich zwar nicht weiter verbessern, aber Boosting und Lasso profitieren von den Summen. Besonders die richtungsbezogenen Summen ermöglichen enorme Verbesserungen. Die Anzahl an Fehlklassifikationen seitens *mboost.cov* und *lasso.cov* können mehr als halbiert werden. Hierdurch werden Missklassifikationsraten erzielt, welche mit denen von *rf.cov* konkurrieren können. Aber auch die generellen Summen ermöglichen eine Verringerung der Missklassifikationen um ein ca. Drittel.

5.2 Brustkrebs

Die Brustkrebsdaten wurden über einen Zeitraum von ca 3 Jahren an der University of Wisconsin Hospitals in Madison (USA) erhoben. Das Ziel ist die Unterscheidung von gut- und bösartigen Tumoren. Zusätzlich zur Tumorart wurden 9 zellbiologische Charakteristika auf einer Skala von 1 − 10 erfasst, welche je nach Tumortyp unterschiedlich stark ausgeprägt sind. Von den insgesamt 699 Beobachtungen weisen 16 Befunde fehlende Werte auf und wurden daher aus dem Datensatz entfernt. Es ist zu beachten, dass die Anzahl an gutartigen Tumorbefunden mit 444 Beobachtungen im Datensatz deutlich größer ist als die Zahl an bösartigen Tumoren, welche sich auf 239 beläuft. Dieses Ungleichgewicht kann eine Beeinflussung aller Verfahren, welche auf den Nächsten Nachbarn basieren, zur Folge haben.

In der Literatur findet man häufig Auswertungen, welche nur mit einem Teil der 699 Beobachtungen durchgeführt wurden (siehe z.b. Bennett und Mangasarian (1992) und Wolberg und Mangasarian (1990)). Dies liegt an der allmählichen Erweiterung des Datensatzes. Der vollständige Datensatz findet sich ebenfalls in der Datenbank der UCI Machine Learning Repository.

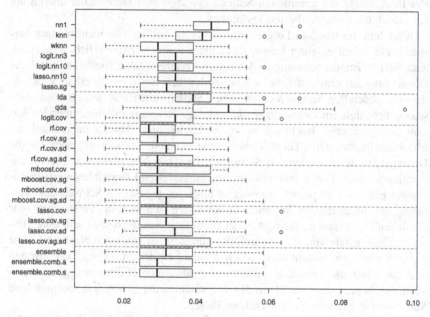

Abb. 5.2: (Brustkrebs) Missklassifikationsraten.

Prinzipiell schneiden alle untersuchten Verfahren mit Missklassifikationsraten im Bereich um die 3% extrem gut ab. Dies ist auch notwendig, denn die zuverlässige Entdeckung eines Tumors kann über Leben und Tod entscheiden. Es

gibt nur wenige Verfahren welche von der genannten Zahl etwas weiter entfernt
sind und das obwohl diese hinsichtlich der gemittelten Summe der absoluten Differenz von den restlichen Verfahren nicht zu unterscheiden sind. Eines dieser Verfahren ist *nn1*. Mit Missklassifikationsraten von meist über 4% schneidet es im
Vergleich zu den restlichen Verfahren eher schlecht ab. Sowohl durch die Mitein-
beziehung der k-Nächsten Nachbarn (*knn*), als auch deren zusätzliche Gewichtung
(*wknn*), lassen sich die Anzahl an Fehlklassifikationen gegenüber *nn1* reduzieren.
Auch mittels logistischer Regression (*logit.nn3* und *logit.nn10*), lassen sich diese
guten Ergebnisse reproduzieren. Gleichwertige Ergebnisse erzielen die beiden penalisierten Verfahren *lasso.nn10* und *lasso.sg*. Vor allem den direkten Nachbarn
wird eine hohe Relevanz nachgesagt. Demzufolge ist es nicht weiter verwunderlich, dass *sg.5* deutlich höher gewichtet wird als die beiden anderen Summen. Ein
ähnliches Bild wie bei *nn1* ergibt sich bei der quadratischen Diskriminanzanalyse.
Das restriktivere *lda* hingegen befindet sich auf dem Nivau von *knn*. Beide Verfahren hinken den restlichen hinsichtlich ihrer Missklassifikationsrate hinterher.
Bei Betrachtung der gemittelten Summe der absoluten Differenzen übernimmt
lda jedoch die Rolle des besten Verfahrens.

Nachdem die Random Forest Ansätze bereits bei der Glasidentifikation her-
vorragende Arbeit geleistet haben, ist es nicht weiter verwunderlich, dass *rf.cov*
auch bei der Tumorerkennung zu den besten Verfahren zählt. Hierbei teilt sich die
Gewichtung auf unterschiedliche Kovariablen auf. Bei *rf.cov.sg* erhalten besonders die generellen Summen einen hohen Stellenwert. Es ist jedoch etwas verwunderlich, dass im Gegensatz zu *lasso.sg* die Relevanz mit zunehmender Anzahl an enthaltenen Nachbarn steigt. Nichtsdestotrotz kann man anhand der
Missklassifikationsraten keine Verbesserung erzielen. Selbiges gilt auch für die
Hinzunahme der direktionalen Summen (*rf.cov.sd*). Vor allem den 25er direktionalen Summen der eh schon als wichtig eingestuften Kovariablen wird ein rel-
evanter Einfluss nachgesagt. *rf.cov.sg.sd* hingegen legt seinen Schwerpunkt vorrangig auf die generellen Summen. Daher lassen sich auch die zu *rf.cov.sg* sehr
ähnlichen Ergebnisse erklären. Alles in allem lässt sich die bereits sehr gute Missklassifikationsrate von *rf.cov* durch die Summen der Nächsten Nachbarn nicht
weiter verbessern. Nimmt man jedoch Abstand zu den Missklassifikationsraten
und betrachtet die gemittelten Summe der absoluten Differenzen genauer, so
stellt sich heraus, dass vor allem durch Aufnahme der generellen Summen eine
Verbesserung gegenüber *rf.cov* erzielen lässt.

Auch *mboost.cov* kann *rf.cov* das Wasser reichen. Allerdings fallen hier die
sichtbaren Unterschiede nach Hinzunahme der unterschiedlichen Summen bei
Betrachtung der Missklassifikationsraten noch geringer aus. Erst wenn man die
gemittelten Summe der absoluten Differenzen als Gütemaß verwendet zeigt sich,

dass abermals durch Aufnahme der generellen Summen (*mboost.cov.sg* und
mboost.cov.sg.sd) eine Verbesserung gegenüber *mboost.cov* möglich ist.
  Auch bei den Lasso-Ansätzen zeigt sich kein großer Unterschied. Wie auch
schon *rf.cov* weist *lasso.cov* mehreren Kovariablen einen hohen Stellenwert zu.
Im Gegensatz zu *rf.cov.sg* wird bei *lasso.cov.sg* vor allem auf *sg.5* ein hoher Stellenwert gelegt. Bei *lasso.cov.sd* hingegen spielen die richtungsbezogenen Summen eher eine untergeordnete Rolle und *lasso.cov.sg.sd* legt ebenfalls ein hohes
Gewicht auf *sg.5*, was jedoch zu keiner Veränderung der Missklassifikationsraten
führt.
  Auch die Resultate der *ensemble* Methoden können sich sehen lassen. Abermals liegt das Hauptaugenmerk auf den generellen Summen sowie vereinzel-
ten Variablen. Kombinationen scheinen im vorliegenden Fall allerdings nicht
gewinnbringend zu sein, sodass deren zusätzlicher rechentechnischer Aufwand
sich nicht bezahlt macht. Verglichen mit den Lasso-Ansätzen ist bei den *ensemble*-
Ansätzen jedoch keine Verbesserung zu erkennen.
  Die Missklassifikationsrate betreffend, besitzen im vorliegenden Datenbeispiel
beide Summentypen keine Auswirkung. In Anbetracht der gemittelten Summe der
absoluten Differenzen zeigt sich jedoch eine signifikante Verbesserung durch die
Hinzunahme der generellen Summen. Diese Aussage gilt allerdings nicht für den
Lasso-Ansatz.

5.3 Ionosphäre

Die Radardaten wurden mittels 16 Hochfrequenzantennen erzeugt, deren Ziel die
freien Elektronen in der Ionosphähre darstellten. Als Zielvariable dient die Unterscheidung zwischen guten und schlechten Radarreflexionen. Ausführlichere Informationen über den Versuchsaufbau sind in Sigillito et al. (1989) nachzulesen. Insgesamt umfasst der Datensatz 351 Beobachtungen, welche aus je 34
metrischen Kovariablen und der binären Zielvariable bestehen. Die Verteilung der
Zielvariable beläuft sich auf 225 guten Reflexionen gegenüber 126 Schlechten.
Auch diese Daten werden von der UCI Machine Learning Repository zur Verfügung gestellt.
  Mit einer Fehlklassifikationsrate von rund 13% ordnet *nn1* bereits einen Großteil der Daten der richtigen Klasse zu. *knn* weist einen deckungsgleichen Boxplot
auf, was dadurch zu begründen ist, dass in jedem Durchlauf der Hyperparameter *k*
gleich 1 gesetzt wurde. Hierdurch tritt der Spezialfall ein, dass die Werte von *knn*
und *nn1* identisch sind. Eine Gewichtung der Nächsten Nachbarn, wie es in *wknn*
der Fall ist, führt zu einem deutlichen Nachlassen der Klassifikationsgüte, ob-

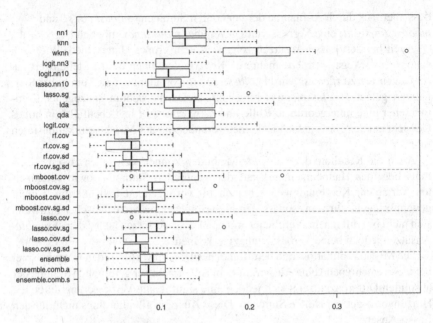

Abb. 5.3: (Ionosphäre) Missklassifikationsraten.

wohl *nn1* theoretisch ebenfalls als Spezialfall enthalten ist. Die logistische Regression basierend auf den Nächsten Nachbarn (*logit.nn3* und *logit.nn10*) schneiden
ebenso wie die penalisierte Variante *lasso.nn10* etwas besser ab als *nn1*. Durch
das Auftreten des Spezialfalls bei *knn* ist es nicht weiter verwunderlich, dass
lasso.nn10 seinen Schwerpunkt vorrangig auf den direkten Nächsten Nachbarn
legt. Hinsichtlich der Summen werden bei *lasso.sg* allerdings *sg.5* sowie *sg.10* als
annähernd gleichwertig angesehen. Auf Grund der anscheinend recht hohen Aus-
sagekraft des direkten Nächsten Nachbarn ist es nicht weiter verwunderlich, dass
lasso.nn10 besser abschneidet als *lasso.sg*. Allerdings ist dieser Summenansatz
sogar dem *nn1* Verfahren überlegen.

Auch die Vergleichsverfahren *lda*, *qda*, sowie *logit.cov* führen zu Missklassifikationsraten im Bereich um die 13%. Als Grund hierfür könnte man anführen,
dass die meisten der bisher genannten Verfahren keine explizite Variablenselektion durchführen, was sich bei so vielen Variablen als Nachteil herausstellen
dürfte. Dementsprechend lassen sich die Resultate vermutlich dadurch verbessern,
indem man zuvor eine separate Variablenselektion durchführt.

Den mit Abstand besten Ansatz stellen die unterschiedlichen Random Forest
Verfahren dar. *rf.cov* bezeichnet 4 Kovariablen als relevant und erzielt hierdurch

ziemlich gute Ergebnisse. *rf.cov.sg* stuft die Wichtigkeit dieser Kovariablen etwas herunter und setzt sein Hauptaugenmerk auf die beiden generellen Summen *sg.5* sowie *sg.10*. Dies macht bezüglich der Missklassifikationsraten zwar keinen Unterschied aber hinsichtlich der gemittelten Summe der absoluten Differenzen lässt sich eine erkennbare Verbesserung erzielen. Hinsichtlich dieses Gütemaßes verschlechtert sich *rf.cov.sd* allerding ein klein wenig. Vor allem die direktionalen Summen derjenigen Kovariablen die eh schon als wichtig eingestuft werden erhalten ein erhöhtes Gewicht. *rf.cov.sg.sd* hingegen ist in Bezug auf beide Gütemaße vergleichbar mit dem Grundmodell *rf.cov*. Allerdings liegt das Hauptaugenmerk auf den generellen Summen.

Der klassische Boosting Ansatz *mboost.cov* kann in seiner Grundversion nicht mit den verschiedenen Random Forest Ansätzen mithalten. Die Fehlklassifikationsraten sind eher mit denen der rein auf den Nächsten Nachbarn basierenden Verfahren vergleichbar. Jedoch macht sich hier die Aufnahme der generellen Summen in das Modell (*mboost.cov.sg*) bezahlt. Verwendet man hingegen die richtungsbezogenen Summen (*mboost.cov.sd*), so ist dieser Ansatz dem Vorherigen sogar noch ein klein wenig überlegen. Die Aufnahme beider Summen führt hingegen zu annährend deckungsgleichen Ergebnissen.

Eine sehr ähnliche Konstellation bezüglich der Verbesserungen zeigt sich bei den Lasso-Ansätzen. *lasso.cov* legt sein Hauptaugenmerk auf eine einzige Variable. Zudem werden mehrere Variablen als relativ gleichwertig aber deutlich weniger relevant eingestuft. Bei *lasso.cov.sg* werden ebenfalls die selben Variablen zur Vorhersage herangezogen, allerdings nehmen nun auch die generellen Summen einen sehr hohen Stellenwert ein. Erstaunlicherweise ist im Gegensatz zu *lasso.sg* die Summe der 25 Nächsten Nachbarn als deutlich informativer verzeichnet als *sg.5*. Die in *lasso.cov* dominierende Kovariable erhält in *lasso.cov.sd* keinen nennenswerten Einfluss mehr. Dafür werden mehrere richtungsbezogene Summen als wichtig eingestuft. Dies führt zu einem dem *lasso.cov.sg* überlegenen Verfahren. *lasso.cov.sg.sd* legt zudem ein extrem hohes Gewicht auf *sg.10*, allerdings machen sich die zusätzlichen Parameter nicht bezahlt, was sich in zu *lasso.-cov.sd* annähernd deckungsgleichen Boxplots bemerkbar macht.

Die verschiedenen *ensemble* Methoden schneiden im Vergleich zu den um die richtungsabbezogenen Summen erweiterten Lasso Ansätzen ein klein wenig schlechter ab. Abermals kommt vor allen den schon in *lasso.cov* hervorgehobenen Variablen sowie den generellen Summen der größte Einfluss zuteil. Die richtungsabhängigen Summen beeinflussen jedoch nur in diversen Durchläufen das Ergebnis.

Wie auch schon bei der Glasidentifikation profitieren vor allem Boosting und Lasso von den durch die Summen bereitgestellten Zusatzinformationen. Mit Hilfe der generellen Summen können die Missklassifikationsraten um 2 bis 3 Prozentpunkte abgesenkt werden. Unter Verwendung der direktionalen Summen werden sogar Missklassifikationsraten erreicht, welche in der Lage sind mit denen von *rf.cov* zu konkurrieren.

5.4 Australische Kreditkartenanträge

Die Informationen über 690 australische Kreditkartenanträge liegen in anonymisierter Form vor. Da es sich um sensible Daten handelt wurden sowohl die Variablennamen als auch die Ausprägungen der kategorialen Variablen anonymisiert. 2 der 6 kategorialen Variablen weisen bis zu 14 unterschiedliche Ausprägungen auf. Die Anzahl an genehmigten im Vergleich zu abgelehnten Anträgen ist mit 307 zu 383 annähernd gleich groß. Ursprünglich wurde der Datensatz zur Überprüfung von Vereinfachungen von Klassifikationsbäumen genutzt (siehe Quinlan (1987)). Ebenso wie die vorherigen Datensätze, ist dieser in der UCI Machine Learning Repository zu finden.

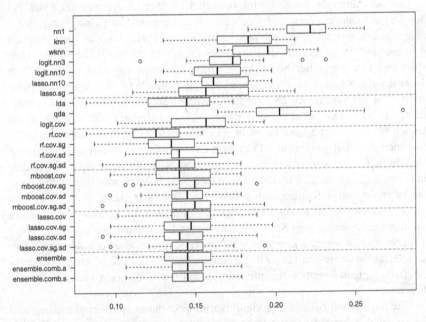

Abb. 5.4: (Australische Kreditkartenanträge) Missklassifikationsraten.

Wie auch schon bei den vorherigen realen Datensätzen kann *nn1* ohne eine vorherige Variablenselektion in Bezug auf die Missklassifikationsraten nicht mit den restlichen Verfahren mithalten. Durch die Verwendung der k-Nächsten Nachbarn kann *knn* zu den besseren Verfahren aufschließen. Eine zusätzliche Gewichtung wie in *wknn* macht hingegen einen Teil dieser Verbesserung wieder zunichte. Etwas besser schlagen sich die beiden Logit-Ansätze mit Bezug auf die Nächsten Nachbarn (*logit.nn3* und *logit.nn10*). Vergleichbare Ergebnisse erzielt das zu *logit.nn10* penalisierte Pendant *lasso.nn10*. Das effizienteste rein auf den Nächsten Nachbarn basierende Verfahren ist *lasso.sg*, welches seinen Schwerpunkt fast ausschließlich auf die Summe der 25 Nächsten Nachbarn legt.

Mit Missklassifikationsraten von meist unter 15% stellt *lda* ein simples und zugleich effektives Verfahren für die vorliegende Problemstellung dar. Bei Betrachtung der gemittelten Summen der absoluten Differenzen handelt es sich hierbei sogar um den effizientesten Klassifikator. Sein flexibleres Pendant (*qda*) bleibt mit über 20% Fehlklassifikationen allerdings deutlich hinter *lda* zurück. Das von der Theorie her ähnliche *logit.cov* kommt da schon eher an *lda* heran, dessen Vorhersagen fallen jedoch etwas schlechter aus.

Solange man sich für die Anzahl an Missklassifikationen interessiert, handelt es sich bei *rf.cov* um den erfolgversprechendsten Ansatz. Hierbei wird der mit Abstand höchste Stellenwert der binären Kovariblen *h* zugeschrieben. In Bezug auf die Fehlklassifikationen führen sämtliche Erweiterungen mittels der Summen zu schlechteren Ergebnissen. Sobald man jedoch die gemittelten Summen der absoluten Differenzen betrachtet erkennt man, dass mit Hilfe der generellen Summen eine Verbesserung erzielen kann. Diesen wird sowohl in *rf.cov.sg* als auch in *rf.cov.sg.sd* direkt nach der Kovariablen *h* die höchste Relevanz zugesprochen. Eine Aufnahme der richtungsbezogenen Summen führt bei Betrachtung beider Gütemaße zu Einbußen.

Der Boosting-Ansatz *mboost.cov* gehört zu den vielversprechensten Klassifikatoren, reicht aber nicht ganz an *rf.cov* heran. Auch hier spielt die Wahl des Gütemaßes bei der Interpretation eine entscheidende Rolle. Hinsichtlich der Missklassifikationsrate führt jegliche Aufnahme der Summen in das Modell zu einer Verschlechterung. Hinsichtlich der gemittelten Summen der absoluten Differenz dreht sich die Richtung um, wodurch beide Summentypen zu einer Verbesserung führen.

Die Verwendung von *lasso.cov* liefert marginal schlechtere Ergebnisse als *mboost.cov*. Wie auch schon bei Random Forest wird sehr viel Wert auf die Kovariable *h* gelegt. Analog werden abermals die generellen Summen im Gegensatz zu den direktionalen Summen als wichtig eingestuft. Allerdings hat dies keine nennenswerten Veränderungen zur Folge, was man daran erkennt, dass die Boxen annähernd das selbe Intervall abdecken.

Die *ensemble*-Methoden können sich nicht von den Lasso-Ansätzen abheben. Da abermals der Kovariable *h* der größte Einfluss zugesprochen wird ist dies nicht weiter verwunderlich. Auch die beiden Ansätze inklusive der Kombinationen bringen nur minimale Veränderungen mit sich.

Einzig die gemittelten Summen der absoluten Differenzen von Random Forest, lassen sich unter Verwendung der generellen Summen nachweislich verbessern. Dies hat jedoch einen Anstieg der Missklassifikationsrate zur Folge. Auch wenn die Summen beim Boosting und Lasso keine Verbesserung bringen, so führen sie auch zu keiner nennenswerten Verschlechterung der Vorhersage.

5.5 Glaukom

Beim Glaukom (= Grüner Star) handelt es sich um eine Augenkrankheit, bei deren Krankheitsverlauf es zu einer irreversiblen, sowie fortschreitenden Schädigung der Sehnerven kommt. Dies hat Einschränkungen des Sichtfeldes zur Folge, was im Extremfall zur Erblindung des Auges führen kann. Weltweit handelt es sich beim grünen Star um eine der häufigsten Ursachen für den Verlust des Augenlichts. Da es sich um eine irreversible Schädigung handelt und man deren Verlauf nur verlangsamen kann, ist es wichtig diese frühzeitig zu erkennen. Hierfür stehen unterschiedliche Verfahren zur Auswahl. Eines dieser Verfahren besteht darin mittels des Heidelberg Retina Tomographen eine Inspektion des Sehnervenkopfes durchzuführen, um den Anteil an geschädigten Sehnerven ermitteln zu können.

Die verwendeten Daten stammen aus dem R-Paket *ipred* von Peters et al. (2013). Es handelt sich um die GlaucomaM Daten, welche im Gegensatz zu den ebenfalls enthaltenen GlaucomaMVF ausschließlich Variablen aus der Messung mittels des Heidelberg Retina Tomographen umfasst. GlaucomaMVF enthält hingegen zusätzliche Informationen wie zum Beispiel den Augeninnendruck oder die Größe des Sichtfeldes. Anhand dieser Merkmale ist jedoch eine Einteilung in gesunde und geschädigte Augen relativ einfach, da es sich bei der Verringerung des Sehfeldes bereits um eine direkte Auswirkung der Erkrankung handelt und das eigentliche Ziel ja die frühzeitige Erkennung eines Glaukoms darstellt. Der Datensatz umfasst 196 Beobachtungen von denen 98 von gesunden und ebenfalls 98 von bereits betroffenen Augen stammen. Die Daten wurden so erhoben, dass in beiden Klassen die selbe Anzahl an Männern und Frauen vorkommen und auch deren Alter übereinstimmt. Hierdurch wird eine Verfälschung der Ergebnisse durch das Geschlecht oder das Alter ausgeschlossen. Zur Klassifikation stehen dem Anwender insgesamt 62 Variablen zur Verfügung. Weitere Informationen hinsichtlich der Daten sind in der Vignette von Peters et al. (2013) nachzulesen.

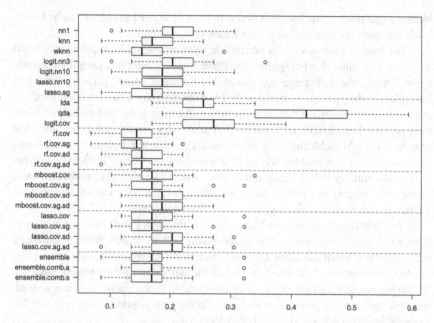

Abb. 5.5: (Glaukom) Missklassifikationsraten.

Mit Missklassifikationsraten im Bereich um die 20%, schneidet *nn1* eher mittelmäßig ab. In Bezug auf die Missklassifikationsraten gibt es sowohl diverse bessere als auch schlechtere Verfahren. Eines der besser abschneidenden Verfahren ist *knn*. Allein durch die Betrachtung mehrerer Nächster Nachbarn lässt sich eine deutliche Verbesserung erreichen. Eine zusätzliche Gewichtung wie in *wknn* hat eine weitere positive Auswirkung auf die Klassifikationsgüte. *logit.nn3* liefert ähnliche Ergebnisse wie auch schon *nn1*. Weitere Nächste Nachbarn in der logistischen Regression machen sich bezahlt und führen dazu, dass *logit.nn10* mit *knn* konkurrieren kann. Ein hierzu ebenbürtiges Verfahren mit deckungsgleichen Boxen stellt das penalisierte Lasso Pendant *lasso.nn10* dar. Die Zusammenfassung der Nachbarn in Summen (*lasso. sg*) ist der separaten Betrachtung überlegen. Etwas verwunderlich ist, dass das Hauptaugenmerk auf der Summe der 25 Nächsten Nachbarn liegt, obwohl in *lasso. nn10* mit zunehmender Distanz die zugewiesene Gewichtung abnimmt.

Zu den schlechteren Verfahren zählen die rein auf den Kovariablen basierenden Vergleichsverfahren. *lda* und *logit.cov* sind mit ca. 25 bzw. 27 Prozent an Fehlklassifikationen noch ein deutliches Stück schlechter als *nn1*. *qda* ist darüber hinaus sogar noch schlechter und liefert in über 25% der Durchläufe mehr Fehlklassifikationen als man sie bei purem Raten erwarten würde.

rf.cov basiert zwar ebenfalls nur auf den Kovariablen, liefert allerdings meist das beste Ergebnis. Hierbei spielen die Variablen *vari*, *vars* und *varg* die tragende Rolle. Durch die Aufnahme der generellen Summen erzielt *rf.cov.sg* eine geringfügige Verbesserung. Neben den drei bereits genannten Kovariablen wird vor allem *sg.25* ein hoher Einfluss zugesprochen. Aber auch die andere beiden Summen werden berücksichtigt. Jegliche Aufnahme der direktionalen Summen hat hingegen eine Verschlechterung der Klassifikationen zur Folge. *rf.cov.sd* weist zwar den selben Kovariablen wie auch schon *rf.cov* ein hohes Gewicht zu, allerdings erzielt mit der hohen Gewichtung von *sd.vast.25* eine bisher nicht beachtete Kovariable indirekt an Einfluss. Selbiges gilt auch für *rf.cov.sg.sd* wo zudem auch die generellen Summen einen gewissen Einfluss besitzen.

Beim Boosting zeigt sich im Vergleich zum Random Forest ein sehr ähnliches Bild bei etwas schlechteren Missklassifikationsraten. Durch Berücksichtigung der generellen Summen kann *mboost.cov.sg* die Klassifikationsgüte gegenüber *mboost.cov* etwas verbessern. Die Aufnahme der richtungsbezogenen Summen ist hingegen nicht ratsam, da sowohl *mboost.cov.sd* als auch *mboost.cov.sg.sd*, welches zugleich die generellen Summen enthält sich gegenüber der rein auf den Kovariablen basierenden Version verschlechtern.

Die Lasso-Ansätze verhalten sich analog zu den Boosting Methoden und liefern zudem Ergebnisse auf dem selben Niveau wie die entsprechenden Boosting Pendants. Den mit Abstand höchsten Stellenwert besitzt bei *lasso.cov* die Variable *vars* gefolgt von *phci*. Die in *rf.cov* noch bedeutsame *vari* erhält hier nur noch ein relativ geringes Gewicht, wohingegen *varg* nur noch in sehr wenigen Durchläufen überhaupt von Bedeutung ist. Die generellen Summen *sg.5* und *sg.10* erhalten in *lasso.cov.sg* zwar eine gewisse Gewichtung die allerdings nicht über das von vielen anderen Kovariablen hinausgeht. Darüber hinaus ist zu erwähnen, dass die in *rf.cov.sg* als recht wichtig eingestufte *sg.25* nun nur noch in wenigen Fällen überhaupt ein Gewicht bekommt. Die in *lasso.cov.sd* und *lasso.cov.sg.sd* verwendeten richtungsbezogenen Summen scheinen sich nicht bezahlt zu machen. Ihnen wird zwar in vielen Fällen eine gewisse Relevanz zugeschrieben, jedoch hilft das auch nicht weiter wenn das zu Grunde liegende *lasso.cov* bereits besser abschneidet.

Selbiges gilt auch für die unterschiedlichen *ensemble*-Ansätze, welche sich alle auf dem Niveau von *lasso.cov* und *lasso.cov.sg* befinden. Hier macht sich der enorme zusätzliche Rechenaufwand nicht bezahlt.

Beide Summenarten eigenen sich nicht um die Vorhersagen der Glaukomdaten zu verbessern. Die generellen Summen besitzen nur einen geringen Effekt, weshalb sie weder eine positive noch negative Auswirkung auf die Vorhersagen haben. Bemerkenswert ist jedoch, dass *lasso.sg*, welches ausschließlich auf den generellen Summen basiert einen ähnlichen Boxplot erzeugt wie *lasso.cov*. Die Vielzahl an direktionalen Summen hat hingegen zur Folge, dass sich die Ergebnisse verschlechtern. Dies ist dadurch zu begründen, dass bei 62 Variablen insgesamt 186 richtungsbezogene Summen zusätzlich an das Modell übergeben werden, was bei etwas unter 200 Beobachtungen einfach zu viel ist.

5.6 Ergebnisübersicht

In Anlehnung an die Simulationsergebnisse sind auch hier zur besseren Identifizierung von signifikanten Veränderungen die Mediane der drei Gütemaße aus den 30 Benchmarkingdurchläufen in Tabellenform aufgelistet. Vor allem die Glas-Identifikation und Ionosphäre Daten liefern interessante Ergebnisse. Sowohl bei den *mboost* als auch den *lasso*-Ansätzen ist dank der Hinzunahme der generellen Summen ein deutlicher Rückgang der Fehlklassifikationen zu verzeichnen. Durch die Verwendung der direktionalen Summen, anstelle ihrer generellen Pendants, lassen sich sogar noch bessere Ergebnisse erzielen, welche mit denen des *rf*-Ansatzes vergleichbar sind. In diesem Zusammenhang ist zu erwähnen, dass in beiden Datensätzen die besten Vorhersagen durch eben diese Random Forest Ansätze erzielt werden. Auch die gleichzeitige Nutzung beider Summentypen kann förderlich sein, was sich ebenfalls anhand der beiden Datensätze zeigen lässt.

Bei den übrigen drei Datensätzen macht sich jedoch keine allzu große Auswirkung durch Hinzunahme der Summen bemerkbar. Bei den Brustkrebsdaten ist dies aber nicht weiter verwunderlich, da bei Missklassifikationsraten von um die 3 Prozent nur noch sehr wenig Spielraum für etwaige Verbesserungen zur Verfügung steht. Auch bei den Glaukom-Daten muss man bei deren Interpretation etwas genauer hinsehen. Die generellen Summen haben keine Veränderung zur Folge. Sobald jedoch die direktionalen Summen in das Modell aufgenommen werden verschlechtern sich Vorhersagen. Dies ist allerdings damit zu begründen, dass bei 62 zur Verfügung stehenden Variablen exakt 186 direktionale Summen zusätzlich an das Modell übergeben werden. Da jedoch nur knapp 200 Beobachtungen im Datensatz enthalten sind, führt dies zu Schwierigkeiten bei der Parameterbestimmung, was auch das schlechtere Abschneiden der Verfahren erklärt. Bei den australischen Kreditkartenanträgen macht sich durch die Hinzunahme jeglicher Summen in das *mboost*-Modell eine durchschnittliche Erhöhung der Missklassifikationsrate um einen Prozentpunkt bemerkbar. In Bezug auf das *lasso*-Verfahren führen die Summen jedoch zu keiner Veränderung. Auch wenn

man keine Verbesserung mit Hilfe der Summen erzielen konnte, so zeigt dieses
Beispiel, dass zumindest gleichwertige oder nur marginal schlechtere Ergebnisse
zu erwarten sind.

Die bisherigen Aussagen sind ausschließlich für *mboost* und *lasso* gültig.
Nimmt man hingegen Abstand von den Missklassifikationsraten und wendet sich
den gemittelten Summen der absoluten Differenzen zu, so hat es den Anschein,
dass die generellen Summen auch beim Random Forest Ansatz zu einer gewissen
Verbesserung beitragen. Allerdings darf man nicht außer Acht lassen, dass sich
rf.cov.sg gegenüber *rf.cov* hinsichtlich der Missklassifikationsraten geringfügig
verschlechtert, auch wenn diese Veränderungen als nicht signifikant eingestuft
werden.

	Glas Identifikation	Brustkrebs	Ionosphäre	Australische Kreditkarten- anträge	Glaukom
nn1	0.205	0.044	0.129	0.222	0.203
knn	0.273	0.041	0.129	0.184	0.169
wknn	0.273	0.029	0.210	0.196	0.153
logit.nn3	0.205	0.034	0.105	0.174	0.203
logit.nn10	0.227	0.034	0.110	0.164	0.186
lasso.nn10	0.216	0.034	0.105	0.162	0.186
lasso.sg	0.205	0.032	0.114	0.157	0.169
lda	0.307	0.039	0.138	0.145	0.254
qda	0.386	0.049	0.133	0.203	0.424
logit.cov	0.318	0.034	0.133	0.157	0.271
rf.cov	0.136	0.027	0.062	0.126	0.144
rf.cov.sg	0.159	0.029	0.067	0.135	0.144
rf.cov.sd	0.125	**0.032**	0.067	**0.140**	**0.153**
rf.cov.sg.sd	0.136	**0.029**	0.067	**0.140**	**0.153**
mboost.cov	0.295	0.029	0.124	0.140	0.169
mboost.cov.sg	**0.227**	0.029	**0.090**	**0.150**	0.169
mboost.cov.sd	**0.136**	0.029	**0.081**	0.145	0.186
mboost.cov.sg.sd	**0.148**	0.032	**0.076**	**0.150**	0.186
lasso.cov	0.307	0.032	0.124	0.145	0.169
lasso.cov.sg	**0.216**	0.032	**0.095**	0.147	0.169
lasso.cov.sd	**0.136**	0.034	**0.071**	0.140	**0.203**
lasso.cov.sg.sd	**0.159**	0.032	**0.076**	0.145	**0.203**
ensemble	0.216	0.032	0.090	0.145	0.169
ensemble.comb.a	0.193	0.029	0.086	0.145	0.169
ensemble.comb.s	0.227	0.029	0.086	0.145	0.169

Tabelle 5.1: (Reale Datensätze) Übersicht der Mediane aller Verfahren bezüglich der Missklassifikationsraten von 30 Durchläufen. Signifikante Wilcoxon-Vorzeichen-Rang Tests zum 5%
Niveau sind durch einen Fettdruck hervorgehoben. Die zugehörigen Visualisierungen der Tests
befinden sich im Anhang.

Wie auch schon bei den Simulationsdaten befinden sich auch hier die Ergebnisse der *ensemble*-Ansätze in etwa auf dem Niveau von *lasso.cov.sg*. Dank der Berücksichtigung der direktionalen Summen in den einzelnen Teilen des Ensembles ist dieser Ansatz dem von *lasso.cov.sg* etwas überlegen. Dies hängt auch damit zusammen, dass in Bezug auf die realen Daten mit Hilfe der direktionalen Summen enorme Verbesserungen erzielt werden können. Dies war bei den Simulationsdaten eher selten der Fall, weshalb in dieser Situation die *ensemble* Werte eher zu denen von *lasso.cov.sg* identisch und nicht überlegen waren. Allerdings gilt wie auch schon bei den Simulationsdaten, dass sich der zusätzliche Aufwand in den *ensemble.comb* Ansätzen nicht bezahlt macht. Besonders bei den Glaukomdaten hat sich gezeigt, dass ab einer gewissen Anzahl an Variablen der enorme Rechenaufwand nicht durch die abgelieferten Ergebnisse zu rechtfertigen ist.

	Glas Identifikation	Brustkrebs	Ionosphäre	Australische Kreditkarten- anträge	Glaukom
nn1	0.205	0.044	0.129	0.222	0.203
knn	0.327	0.044	0.129	0.286	0.294
wknn	0.368	0.051	0.232	0.311	0.298
logit.nn3	0.295	0.057	0.189	0.264	0.301
logit.nn10	0.280	0.049	0.172	0.233	0.254
lasso.nn10	0.313	0.056	0.186	0.241	0.275
lasso.sg	0.301	0.054	0.196	0.228	0.259
lda	0.378	0.039	0.158	0.165	0.253
qda	0.377	0.047	0.134	0.204	0.424
logit.cov	0.360	0.045	0.139	0.197	0.273
rf.cov	0.254	0.058	0.140	0.231	0.261
rf.cov.sg	0.257	**0.049**	**0.126**	**0.205**	**0.250**
rf.cov.sd	**0.276**	**0.060**	**0.148**	**0.248**	**0.280**
rf.cov.sg.sd	**0.266**	**0.051**	0.139	**0.216**	**0.276**
mboost.cov	0.390	0.060	0.209	0.225	0.252
mboost.cov.sg	**0.305**	**0.055**	**0.169**	**0.222**	0.254
mboost.cov.sd	**0.256**	**0.059**	**0.129**	**0.216**	**0.275**
mboost.cov.sg.sd	**0.242**	**0.054**	**0.122**	**0.216**	**0.265**
lasso.cov	0.410	0.050	0.188	0.215	0.249
lasso.cov.sg	**0.317**	**0.077**	**0.168**	0.213	0.247
lasso.cov.sd	**0.285**	0.051	**0.118**	0.216	**0.274**
lasso.cov.sg.sd	**0.259**	0.052	**0.118**	0.215	**0.269**
ensemble	0.296	0.049	0.157	0.214	0.249
ensemble.comb.a	0.295	0.049	0.155	0.214	0.249
ensemble.comb.s	0.298	0.049	0.156	0.214	0.250

Tabelle 5.2: (Reale Datensätze) Übersicht der Mediane aller Verfahren bezüglich der gemittelten Summen der absoluten Differenzen von 30 Durchläufen. Signifikante Wilcoxon-Vorzeichen-Rang Tests zum 5% Niveau sind durch einen Fettdruck hervorgehoben. Die zugehörigen Visualisierungen der Tests befinden sich im Anhang.

	Glas Identifikation	Brustkrebs	Ionosphäre	Australische Kreditkarten- anträge	Glaukom
nn1	0.205	0.044	0.129	0.222	0.203
knn	0.171	0.039	0.129	0.133	0.129
wknn	0.173	0.025	0.147	0.144	0.127
logit.nn3	0.159	0.032	0.090	0.135	0.153
logit.nn10	0.162	0.029	0.090	0.120	0.142
lasso.nn10	0.155	0.026	0.088	0.121	0.138
lasso.sg	0.144	0.026	0.092	0.114	0.120
lda	0.207	0.033	0.111	0.117	0.201
qda	0.297	0.045	0.133	0.178	0.424
logit.cov	0.215	0.025	0.120	0.120	0.271
rf.cov	0.104	0.025	0.051	0.099	0.114
rf.cov.sg	**0.118**	**0.024**	0.053	0.098	**0.112**
rf.cov.sd	**0.116**	**0.027**	**0.058**	**0.109**	**0.123**
rf.cov.sg.sd	0.113	0.024	0.055	0.100	**0.122**
mboost.cov	0.193	0.023	0.095	0.108	0.122
mboost.cov.sg	**0.142**	**0.024**	**0.075**	0.107	**0.122**
mboost.cov.sd	**0.119**	0.024	**0.058**	**0.106**	**0.138**
mboost.cov.sg.sd	**0.111**	**0.024**	**0.057**	**0.106**	**0.136**
lasso.cov	0.194	0.024	0.098	0.108	0.125
lasso.cov.sg	**0.143**	**0.027**	**0.077**	0.108	0.123
lasso.cov.sd	**0.122**	0.025	**0.058**	**0.106**	**0.144**
lasso.cov.sg.sd	**0.112**	0.026	**0.060**	**0.107**	**0.142**
ensemble	0.134	0.024	0.068	0.107	0.120
ensemble.comb.a	0.131	0.024	0.066	0.107	0.119
ensemble.comb.s	0.135	0.024	0.068	0.107	0.120

Tabelle 5.3: (Reale Datensätze) Übersicht der Mediane aller Verfahren bezüglich der gemittelten Summen der quadrierten Differenzen von 30 Durchläufen. Signifikante Wilcoxon-Vorzeichen-Rang Tests zum 5% Niveau sind durch einen Fettdruck hervorgehoben. Die zugehörigen Visualisierungen der Tests befinden sich im Anhang.

Kapitel 6
Fazit

Die Auswertung der verschiedenen Datensätze hat gezeigt, dass der klassische Random Forest in den meisten Fällen dem Boosting und Lasso-Verfahren bei der Klassifizierung von binären Daten überlegen ist. Jedoch war es in vielen Situationen möglich mit Hilfe der Summen der Nächsten Nachbarn Missklassifikationsraten zu erzielen, welche denen von Random Forest ebenbürtig oder teilweise sogar überlegen waren. Sowohl beim Boosting, als auch beim Lasso-Verfahren hatte eine Aufnahme der generellen Summen in das Modell meist eine Verbesserung der Vorhersagegüte zur Folge. Eine konkrete Verschlechterung der Ergebnisse trat in den hier untersuchten Datensätzen nicht auf. Daher bietet sich bei diesen beiden Klassifikatoren eine zusätzliche Berücksichtigung der generellen Summen an, wodurch man zwar die Chance hat die Ergebnisse zu verbessern ohne ein gleichzeitiges Risiko einer Verschlechterung in Kauf nehmen zu müssen. Demzufolge kann man sie relativ gefahrlos in der Hoffnung einer Verbesserung mit aufnehmen, da die generellen Summen im schlimmsten Fall einfach ignoriert werden.

Die richtungsbezogenen Summen konnten ihren Nutzen vor allem bei den realen Daten unter Beweis stellen. Dank ihrer Hilfe war es möglich die Anzahl an Fehlklassifikationen in drei Datensätzen um über 50 Prozent zu reduzieren. Dies betrifft jedoch abermals nur den Boosting- und Lasso-Ansatz. Wie auch schon bei den generellen Summen kann Random Forest auch hier nicht von den zusätzlich bereitgestellten Informationen profitieren. Besonders wenn anhand weniger Variablen eine eindeutige Klassifikation möglich ist spielen die direktionalen Summen ihre Stärke aus. Dies sieht man sehr gut am Beispiel des "Einfachen Klassifikationsproblems" (Abschnitt 4.4). Jedoch ist es etwas verwunderlich, dass im Falle der (HT2) Daten bei einer sehr ähnlichen Konstellation keine Verbesserung, sondern eine minimale Verschlechterung hervorgerufen wird. Vermutlich hängt dies damit zusammen, dass die beiden relevanten Kovariablen bereits eindeutig identifiziert werden konnten und daher den direktionalen Summen keine große Relevanz mehr zugeordnet wird. Da die zusätzlichen Parameter nun überflüssig geworden sind, lässt sich auch die geringfügige Verschlechterung erklären. Im Gegensatz zu ihren generellen Pendants muss man daher beachten, dass die Hinzunahme der direktionalen Summen auch eine Verschlechterung der Gütemaße zur Folge haben kann. Darüber hinaus sollte man nie die Anzahl der zu Verfügung stehenden Beobachtungen außer Acht lassen. Besonders bei kleineren Datensätzen, welche eine Vielzahl an Variablen enthalten, werden dem Modell eine große Anzahl an direktionalen Summen übergeben. Sobald jedoch die Anzahl der zu schätzenden Parametern die Menge an zur Verfügung stehenden Beobachtungen übersteigt, muss man damit rechnen, dass es zu Schwierigkeiten bei der Parameterschätzung kommen kann.

Die gleichzeitige Übergabe beider Summentypen kann als eine Art Kompromiss betrachtet werden. Die Vorhersagegüte liegt in den untersuchten Datensätzen immer zwischen denjenigen Modellen, welche entweder die generellen oder die direktionalen Summen als zusätzliche Informationsquelle betrachten.

Auch der auf den beiden Summentypen basierende *ensemble*-Ansatz hat seine Daseinsberechtigung. In den meisten Fällen sind die Ergebnisse mit denen des um die generellen Summen erweiteren Lasso-Ansatzes (*lasso.cov.sg*) vergleichbar. Bis auf eine einzige Ausnahme (= Einfaches Klassifikationsproblem) ist es dem *lasso.cov.sg* tendentiell überlegen. Dies gilt zwar auch für die *ensemble.comb*-Ansätze, welche zudem die direktionalen Summen von 2er-Kombinationen berücksichtigen. Allerdings zahlt sich deren teilweise enormer zusätzlicher Rechenaufwand nicht aus.

Auch der selbst entwickelte gewichtete k-Nächste Nachbarn Algorithmus konnte sich nicht von dem von Hechenbichler und Schliep (2004) vorgeschlagenen Verfahren absetzen. Aus Gründen der Übersichtlichkeit wurden die Ergebnisse aus den vorgestellten Grafiken entfernt.

Da in dieser Arbeit vielversprechende Verbesserungen mit Hilfe der Summen der Nächsten Nachbarn aufgezeigt werden konnten, wäre es ratsam weitere Forschung in diese Richtung zu betreiben. Nachfolgende Punkte könnten als Verbesserungsansätze dienen.

- **Zusätzliche Variablenselektion:** Mittels der Durchführung einer Variablenselektion vor der Ermittlung der Nächsten Nachbarn könnte man bereits im Vorfeld die relevanten Kovariablen identifizieren und so den Fluch der Dimensionen umgehen. Dies sollte einerseits den Informationsgehalt der generellen Nächsten Nachbarn und somit auch den der darauf aufbauenden generellen Summen erhöhen. Andererseits könnte man dann ausschließlich diejenigen direktionalen Summen der als informativ eingestuften Variablen hinzufügen, wodurch sich die Anzahl an zu schätzenden Parametern deutlich reduzieren würde.

- **Berücksichtigung der Abstände:** Nachdem die Nächsten Nachbarn anhand ihrer Abstände ermittelt wurden, wird diese Information nicht weiter berücksichtigt. Allerdings kann selbst der direkte Nächste Nachbar bei manchen Beobachtungen deutlich weiter entfernt liegen als bei anderen. Gewichtete Nächste Nachbar Verfahren nutzen diese Distanz um weiter entfernten Nachbarn einen geringeren Einfluss zuzusprechen. Wenn es gelingt diese Gewichtung auch in die Summen einzubauen könnte dies Auswirkungen auf deren Informationsgehalt zur Folge haben.

- **Tuning des Summenumfangs:** In dieser Arbeit wurden die Summen der 5, 10 und 25 Nächsten Nachbarn, basierend auf den Erkenntnissen mehrerer Versuchsreihen, verwendet. Dennoch besteht die Möglichkeit die Anzahl der in den Summen enthaltenen Nachbarn als eine Art Hyperparameter zu betrachten. Ein Tuning könnte zu einer Verbesserung der Ergebnisse führen, dürfte sich darüber hinaus aber als relativ zeitintensiv erweisen.

- **Flexible Übergabe der Summen:** In dieser Arbeit wurde den Summen ein linearer Einfluss unterstellt. Eine flexible Berücksichtigung der Summen ist hingegen ebenfalls vorstellbar.

- **Kategoriale Zielvariablen:** Eine Ausweitung auf kategoriale Zielvariablen wäre erstrebenswert.

Die Vielzahl an möglichen Optimierungsansätzen zeigt, dass eventuell noch bessere Ergebnisse durch die Hinzunahme von auf den Nächsten Nachbarn basierenden Summen erzielt werden können. Daher bietet sich diese Thema für weitere Nachforschungen an.

Darüber hinaus wurde der Nutzen der Summen bisher nur an Random Forest, Boosting, sowie dem Lasso-Ansatz getestet. In zwei Fällen sogar mit konkreten Erfolgen. Solange ein Verfahren die Eigenschaft besitzt Variablenselektion durchführen zu können, bietet es sich an einen etwaigen Nutzen der Aufnahme der Summen zu überprüfen.

Sowohl beim Boosting als auch bei Lasso-Ansätzen konnte das vorhandene Verbesserungspotential der Nächsten Nachbarn durch deren Einbeziehung in Form von generellen und richtungsbezogenen Summen nachgewiesen werden.

Anhang A
Fluch der Dimensionen

Der Begriff "Fluch der Dimensionen" geht auf Bellman (1961) zurück. Hastie et al. (2009) haben in Kapitel 2.5 (S.22 ff) das Problem folgendermaßen veranschaulicht. Man gehe von einem p-dimensionalen Hyperwürfel aus. Die p Variablen sind gleichverteilt auf dem Bereich zwischen 0 und 1. Dieser spezielle Hyperwürfel wird auch als Einheitswürfel bezeichnet. Um die Nachbarn des Zielpunktes x zu ermitteln, lege man um diesen einen weiteren Hyperwürfel. Dieser Bereich kann als Anteil r des Gesamtvolumens aufgefasst werden. Die erwartete Kantenlänge $e_p(r)$, welche nun benötigt wird um in einem p-dimensionalen Hyperwürfel den gewünschten Anteil r abzudecken wird folgendermaßen definiert.

$$e_p(r) = r^{1/p}$$

Um nun 1% (bzw. 10%) der Datenpunkte zu erfassen, muss der Hyperwürfel um den Zielpunkt x im Fall $p = 10$ ca. 63% (bzw. 80%) des Bereichs jeder Einflussvariablen abdecken. Folglich können solche "Nachbarschaften" nicht mehr als lokal angesehen werden.

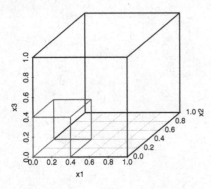 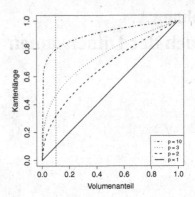

Abb. A.1: Nachbarschaftsumgebung in Einheitswürfel mit Dimension $p = 3$. Anteil r entspricht 6.4% des Gesamtvolumens.

Abb. A.2: Benötigte Kantenlänge um Anteil r des Volumens abzudecken. Jede Linie steht für eine andere Dimension p

(Abbildungen nach Hastie et al. (2009), Figure 2.6, S.23)

Eine drastische Verringerung von r hilft in diesem Fall nicht weiter, da dann nur wenige Datenpunkte zur Schätzung beitragen und somit die Varianz erheblich ansteigt.

In einem weiteren Beispiel werden 100 Beobachtungen aus einer Gleichverteilung auf dem Bereich von 0 bis 1 betrachtet. Diese decken den eindimensionalen Raum der reellen Zahlen zwischen 0 und 1 gut ab. Erhöht man nun die Anzahl der Dimensionen auf $p = 10$, wobei jede Dimension den Bereich 0 bis 1 umfasst, dann decken 100 Datenpunkte den Raum nicht einmal annähernd ab. Es wären 100^{10} (allgemein 100^p) Beobachtungen notwendig um eine ähnliche Abdeckung zu gewährleisten. Solche Datenmengen stehen aber in der Regel nicht zur Verfügung.

Anhang B
Zusatzgrafiken der simulierten Datensätze

B.1 (mlbench) - Gütemaße

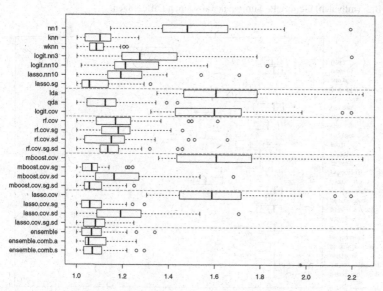

Abb. B.1: (mlbench) Missklassifikationsraten im Verhältnis zum besten Verfahren.

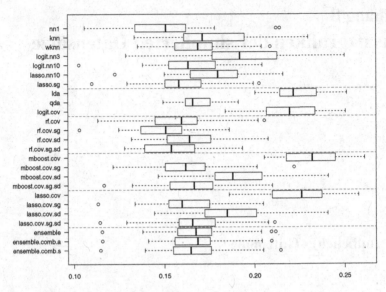

Abb. B.2: (mlbench) Gemittelte Summe der absoluten Differenzen.

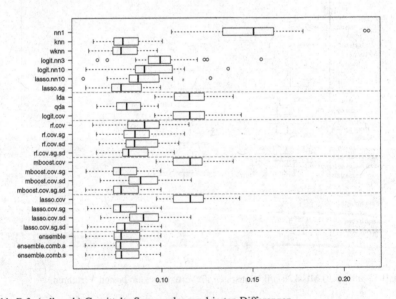

Abb. B.3: (mlbench) Gemittelte Summe der quadrierten Differenzen.

B.2 (mlbench) - Variablenwichtigkeit

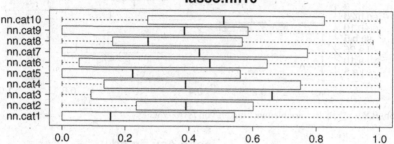

Abb. B.4: (mlbench) Variablenwichtigkeit von *lasso.nn10*.

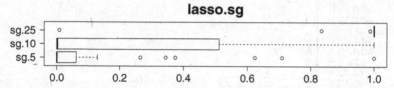

Abb. B.5: (mlbench) Variablenwichtigkeit von *lasso.sg*.

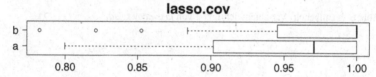

Abb. B.6: (mlbench) Variablenwichtigkeit von *lasso.cov*.

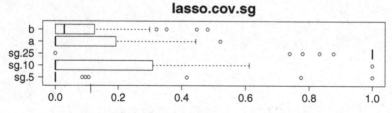

Abb. B.7: (mlbench) Variablenwichtigkeit von *lasso.cov.sg*.

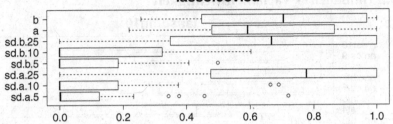

Abb. B.8: (mlbench) Variablenwichtigkeit von *lasso.cov.sd*.

lasso.cov.sg.sd

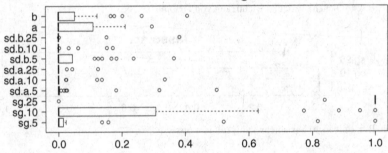

Abb. B.9: (mlbench) Variablenwichtigkeit von *lasso.cov.sg.sd*.

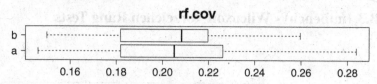

Abb. B.10: (mlbench) Variablenwichtigkeit von *rf.cov*.

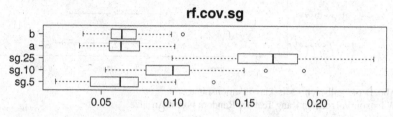

Abb. B.11: (mlbench) Variablenwichtigkeit von *rf.cov.sg*.

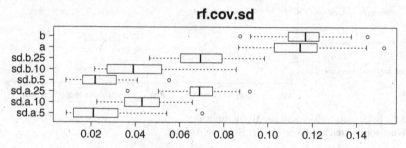

Abb. B.12: (mlbench) Variablenwichtigkeit von *rf.cov.sd*.

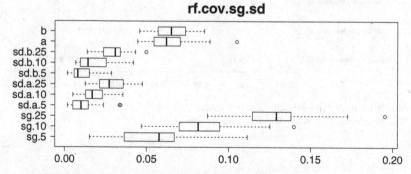

Abb. B.13: (mlbench) Variablenwichtigkeit von *rf.cov.sg.sd*.

B.3 (mlbench) - Wilcoxon Vorzeichen Rang Tests

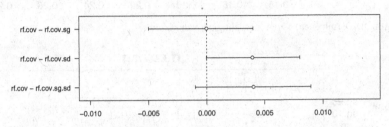

Abb. B.14: (mlbench - Missklassifikationsraten)
Wilcoxon Vorzeichen Rang Test der Random Forest Ansätze.

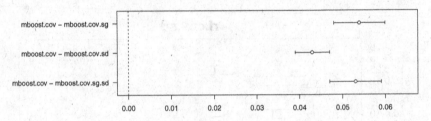

Abb. B.15: (mlbench - Missklassifikationsraten)
Wilcoxon Vorzeichen Rang Test der Boosting Ansätze.

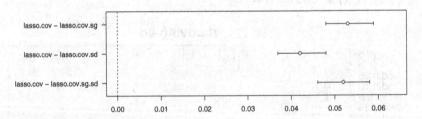

Abb. B.16: (mlbench - Missklassifikationsraten)
Wilcoxon Vorzeichen Rang Test der Lasso Ansätze.

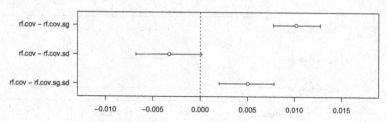

Abb. B.17: (mlbench - absolute Differenzen)
Wilcoxon Vorzeichen Rang Test der Random Forest Ansätze.

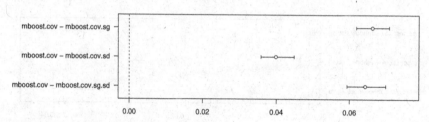

Abb. B.18: (mlbench - absolute Differenzen)
Wilcoxon Vorzeichen Rang Test der Boosting Ansätze.

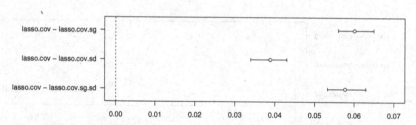

Abb. B.19: (mlbench - absolute Differenzen)
Wilcoxon Vorzeichen Rang Test der Lasso Ansätze.

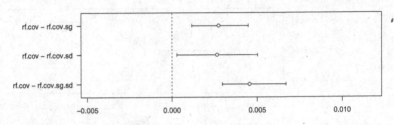

Abb. B.20: (mlbench - quadrierte Differenzen)
Wilcoxon Vorzeichen Rang Test der Random Forest Ansätze.

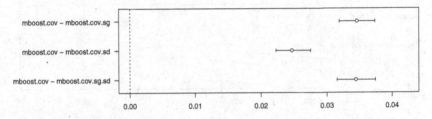

Abb. B.21: (mlbench - quadrierte Differenzen)
Wilcoxon Vorzeichen Rang Test der Boosting Ansätze.

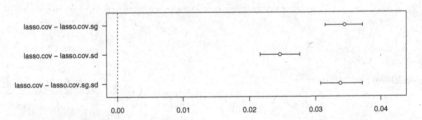

Abb. B.22: (mlbench - quadrierte Differenzen)
Wilcoxon Vorzeichen Rang Test der Lasso Ansätze.

B.4 (HT1) - Gütemaße

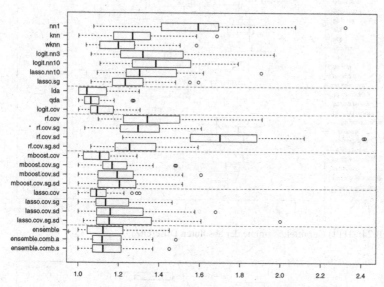

Abb. B.23: (HT1) Missklassifikationsraten im Verhältnis zum besten Verfahren.

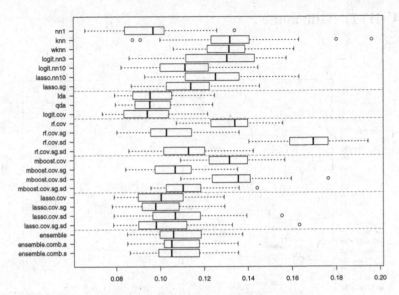

Abb. B.24: (HT1) Gemittelte Summe der absoluten Differenzen.

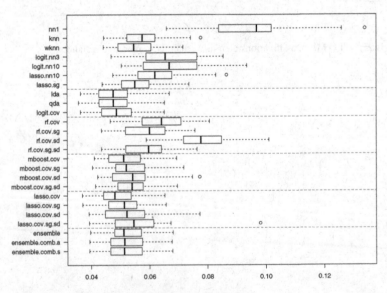

Abb. B.25: (HT1) Gemittelte Summe der quadrierten Differenzen.

B.5 (HT1) - Variablenwichtigkeit

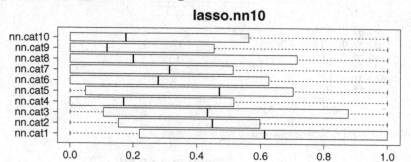

Abb. B.26: (HT1) Variablenwichtigkeit von *lasso.nn10*.

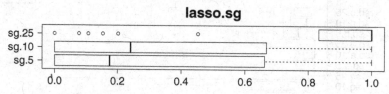

Abb. B.27: (HT1) Variablenwichtigkeit von *lasso.sg*.

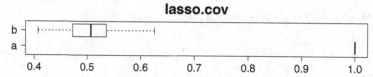

Abb. B.28: (HT1) Variablenwichtigkeit von *lasso.cov*.

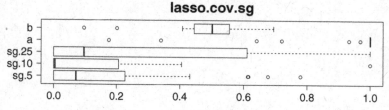

Abb. B.29: (HT1) Variablenwichtigkeit von *lasso.cov.sg*.

lasso.cov.sd

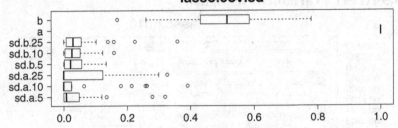

Abb. B.30: (HT1) Variablenwichtigkeit von *lasso.cov.sd*.

lasso.cov.sg.sd

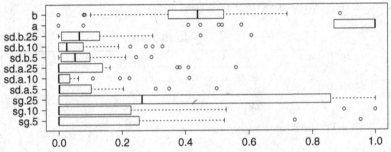

Abb. B.31: (HT1) Variablenwichtigkeit von *lasso.cov.sg.sd*.

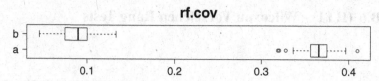

Abb. B.32: (HT1) Variablenwichtigkeit von *rf.cov*.

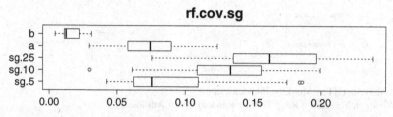

Abb. B.33: (HT1) Variablenwichtigkeit von *rf.cov.sg*.

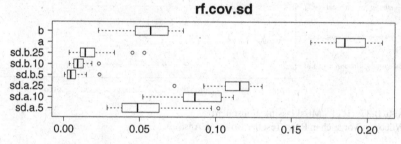

Abb. B.34: (HT1) Variablenwichtigkeit von *rf.cov.sd*.

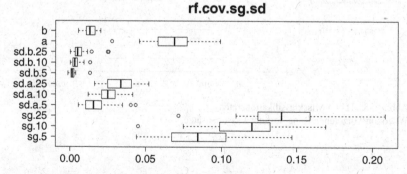

Abb. B.35: (HT1) Variablenwichtigkeit von *rf.cov.sg.sd*.

B.6 (HT1) - Wilcoxon Vorzeichen Rang Tests

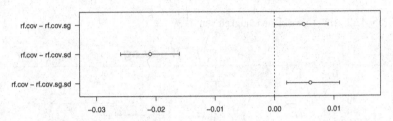

Abb. B.36: (HT1 - Missklassifikationsraten)
Wilcoxon Vorzeichen Rang Test der Random Forest Ansätze.

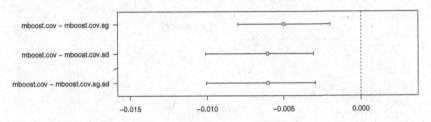

Abb. B.37: (HT1 - Missklassifikationsraten)
Wilcoxon Vorzeichen Rang Test der Boosting Ansätze.

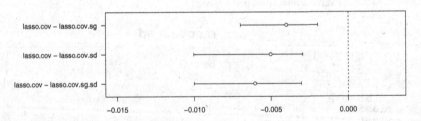

Abb. B.38: (HT1 - Missklassifikationsraten)
Wilcoxon Vorzeichen Rang Test der Lasso Ansätze.

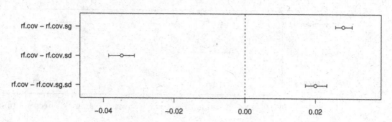

Abb. B.39: (HT1 - absolute Differenzen)
Wilcoxon Vorzeichen Rang Test der Random Forest Ansätze.

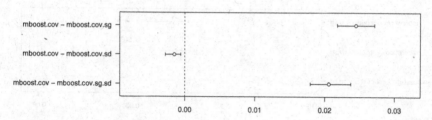

Abb. B.40: (HT1 - absolute Differenzen)
Wilcoxon Vorzeichen Rang Test der Boosting Ansätze.

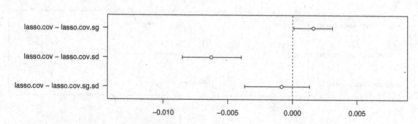

Abb. B.41: (HT1 - absolute Differenzen)
Wilcoxon Vorzeichen Rang Test der Lasso Ansätze.

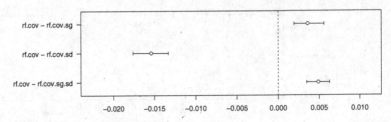

Abb. B.42: (HT1 - quadrierte Differenzen)
Wilcoxon Vorzeichen Rang Test der Random Forest Ansätze.

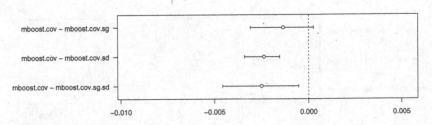

Abb. B.43: (HT1 - quadrierte Differenzen)
Wilcoxon Vorzeichen Rang Test der Boosting Ansätze.

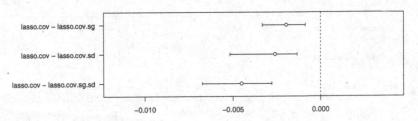

Abb. B.44: (HT1 - quadrierte Differenzen)
Wilcoxon Vorzeichen Rang Test der Lasso Ansätze.

B.7 (HT2) - Gütemaße

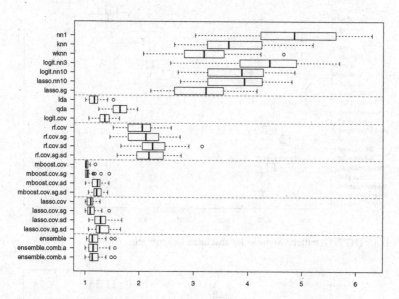

Abb. B.45: (HT2) Missklassifikationsraten im Verhältnis zum besten Verfahren.

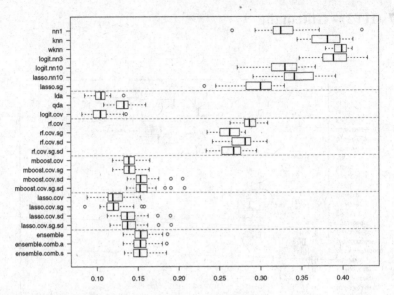

Abb. B.46: (HT2) Gemittelte Summe der absoluten Differenzen.

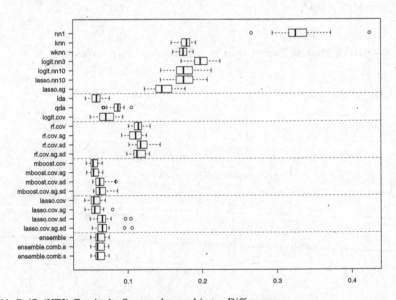

Abb. B.47: (HT2) Gemittelte Summe der quadrierten Differenzen.

B.8 (HT2) - Variablenwichtigkeit

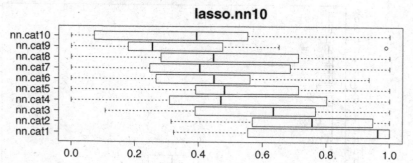

Abb. B.48: (HT2) Variablenwichtigkeit von *lasso.nn10*.

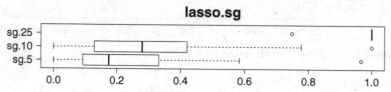

Abb. B.49: (HT2) Variablenwichtigkeit von *lasso.sg*.

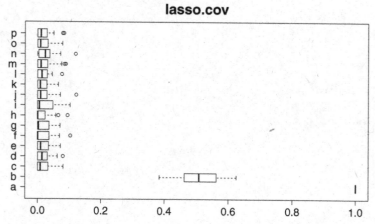

Abb. B.50: (HT2) Variablenwichtigkeit von *lasso.cov*.

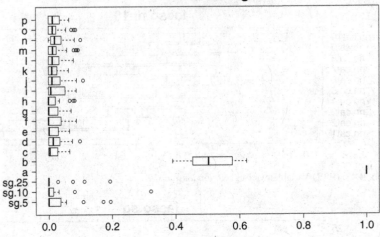

Abb. B.51: (HT2) Variablenwichtigkeit von *lasso.cov.sg*.

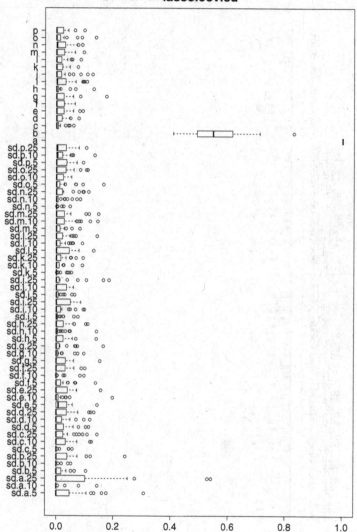

Abb. B.52: (HT2) Variablenwichtigkeit von *lasso.cov.sd*.

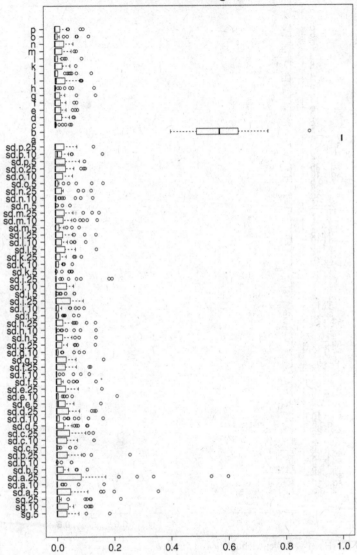

Abb. B.53: (HT2) Variablenwichtigkeit von *lasso.cov.sg.sd*.

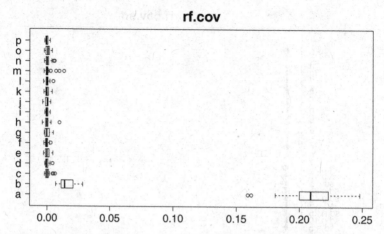

Abb. B.54: (HT2) Variablenwichtigkeit von *rf.cov*.

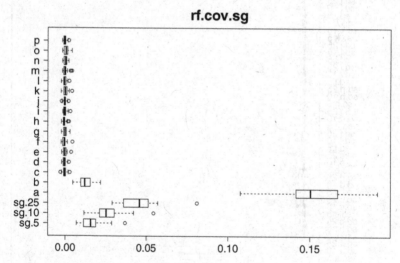

Abb. B.55: (HT2) Variablenwichtigkeit von *rf.cov.sg*.

rf.cov.sd

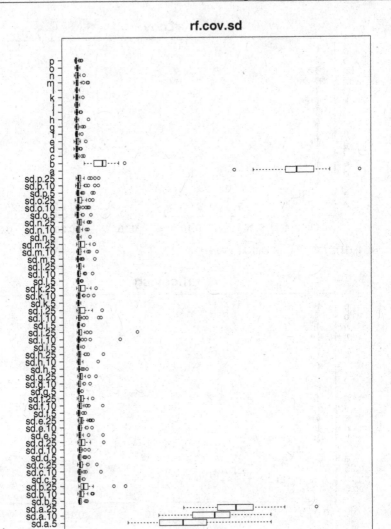

Abb. B.56: (HT2) Variablenwichtigkeit von *rf.cov.sd*.

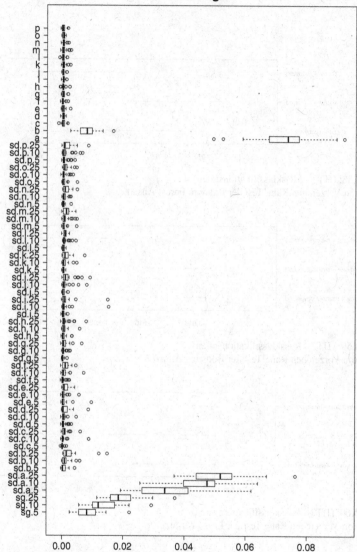

Abb. B.57: (HT2) Variablenwichtigkeit von *rf.cov.sg.sd*.

B.9 (HT2) - Wilcoxon Vorzeichen Rang Tests

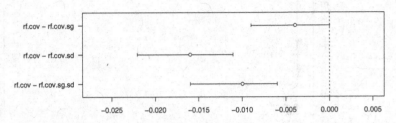

Abb. B.58: (HT2 - Missklassifikationsraten)
Wilcoxon Vorzeichen Rang Test der Random Forest Ansätze.

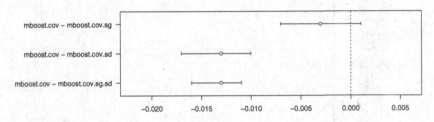

Abb. B.59: (HT2 - Missklassifikationsraten)
Wilcoxon Vorzeichen Rang Test der Boosting Ansätze.

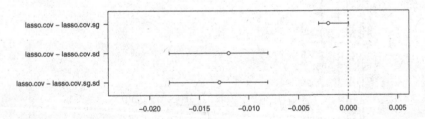

Abb. B.60: (HT2 - Missklassifikationsraten)
Wilcoxon Vorzeichen Rang Test der Lasso Ansätze.

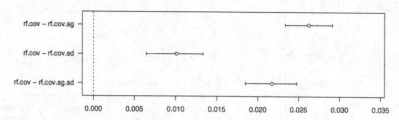

Abb. B.61: (HT2 - absolute Differenzen)
Wilcoxon Vorzeichen Rang Test der Random Forest Ansätze.

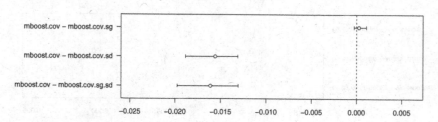

Abb. B.62: (HT2 - absolute Differenzen)
Wilcoxon Vorzeichen Rang Test der Boosting Ansätze.

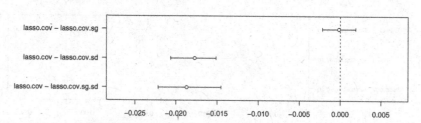

Abb. B.63: (HT2 - absolute Differenzen)
Wilcoxon Vorzeichen Rang Test der Lasso Ansätze.

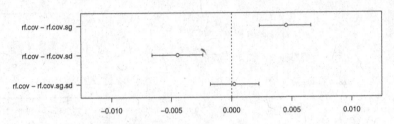

Abb. B.64: (HT2 - quadrierte Differenzen)
Wilcoxon Vorzeichen Rang Test der Random Forest Ansätze.

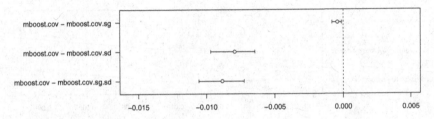

Abb. B.65: (HT2 - quadrierte Differenzen)
Wilcoxon Vorzeichen Rang Test der Boosting Ansätze.

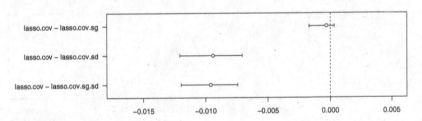

Abb. B.66: (HT2 - quadrierte Differenzen)
Wilcoxon Vorzeichen Rang Test der Lasso Ansätze.

B.10 (easy) - Gütemaße

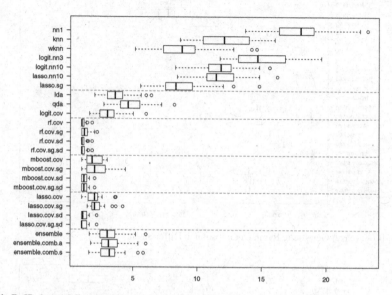

Abb. B.67: (easy) Missklassifikationsraten im Verhältnis zum besten Verfahren.

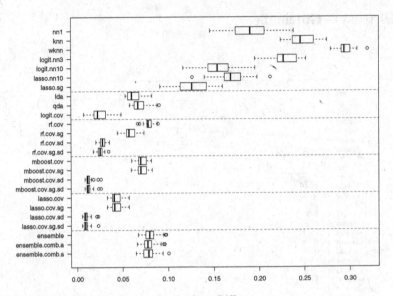

Abb. B.68: (easy) Gemittelte Summe der absoluten Differenzen.

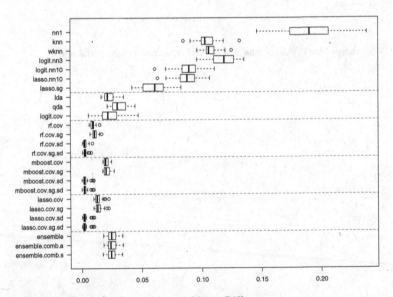

Abb. B.69: (easy) Gemittelte Summe der quadrierten Differenzen.

B.11 (easy) - Variablenwichtigkeit

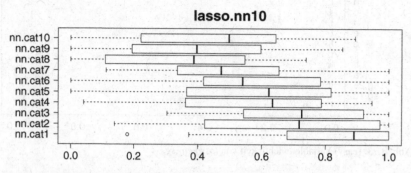

Abb. B.70: (easy) Variablenwichtigkeit von *lasso.nn10*.

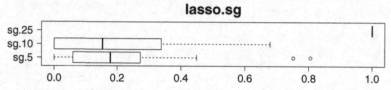

Abb. B.71: (easy) Variablenwichtigkeit von *lasso.sg*.

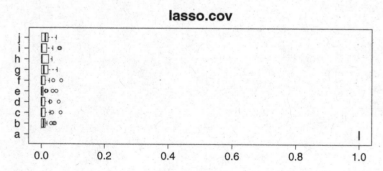

Abb. B.72: (easy) Variablenwichtigkeit von *lasso.cov*.

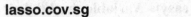

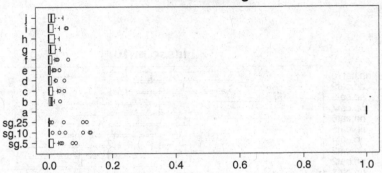

Abb. B.73: (easy) Variablenwichtigkeit von *lasso.cov.sg*.

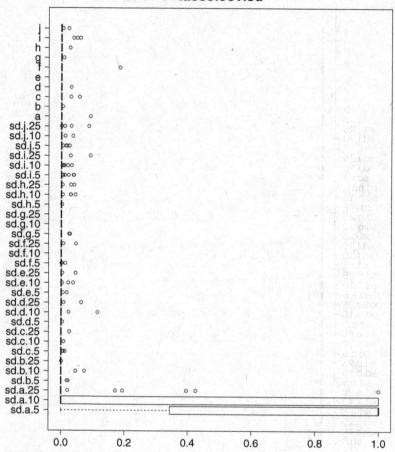

Abb. B.74: (easy) Variablenwichtigkeit von *lasso.cov.sd*.

lasso.cov.sg.sd

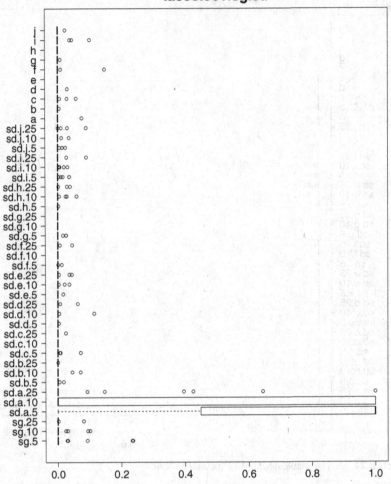

Abb. B.75: (easy) Variablenwichtigkeit von *lasso.cov.sg.sd*.

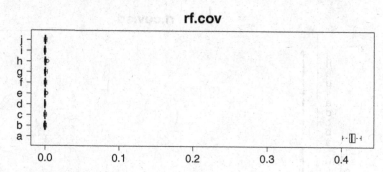

Abb. B.76: (easy) Variablenwichtigkeit von *rf.cov*.

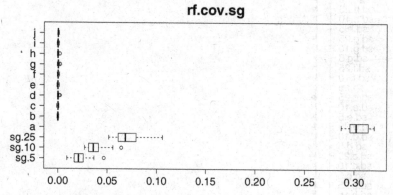

Abb. B.77: (easy) Variablenwichtigkeit von *rf.cov.sg*.

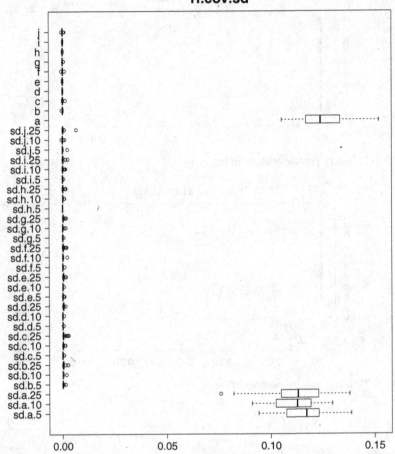

Abb. B.78: (easy) Variablenwichtigkeit von *rf.cov.sd*.

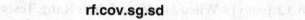

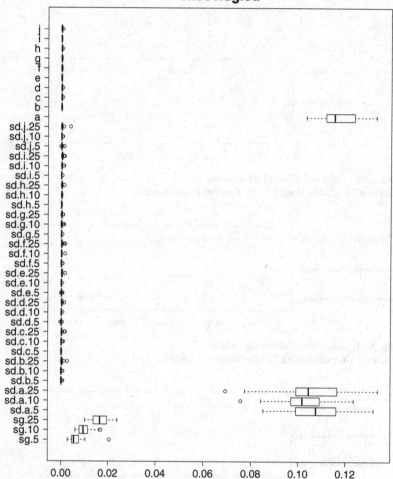

Abb. B.79: (easy) Variablenwichtigkeit von *rf.cov.sg.sd*.

B.12 (easy) - Wilcoxon Vorzeichen Rang Tests

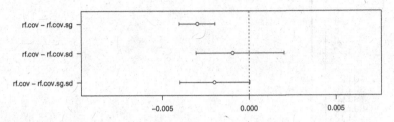

Abb. B.80: (easy - Missklassifikationsraten)
Wilcoxon Vorzeichen Rang Test der Random Forest Ansätze.

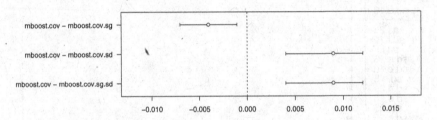

Abb. B.81: (easy - Missklassifikationsraten)
Wilcoxon Vorzeichen Rang Test der Boosting Ansätze.

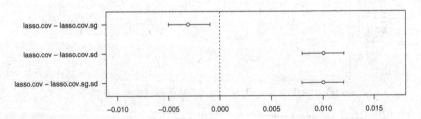

Abb. B.82: (easy - Missklassifikationsraten)
Wilcoxon Vorzeichen Rang Test der Lasso Ansätze.

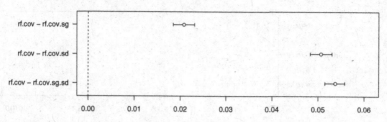

Abb. B.83: (easy - absolute Differenzen)
Wilcoxon Vorzeichen Rang Test der Random Forest Ansätze.

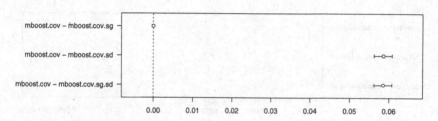

Abb. B.84: (easy - absolute Differenzen)
Wilcoxon Vorzeichen Rang Test der Boosting Ansätze.

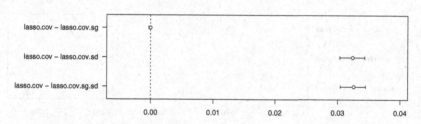

Abb. B.85: (easy - absolute Differenzen)
Wilcoxon Vorzeichen Rang Test der Lasso Ansätze.

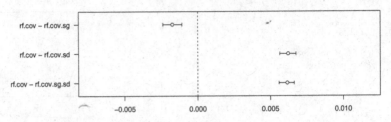

Abb. B.86: (easy - quadrierte Differenzen)
Wilcoxon Vorzeichen Rang Test der Random Forest Ansätze.

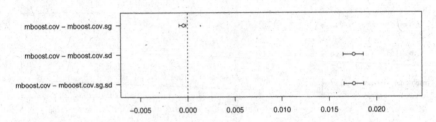

Abb. B.87: (easy - quadrierte Differenzen)
Wilcoxon Vorzeichen Rang Test der Boosting Ansätze.

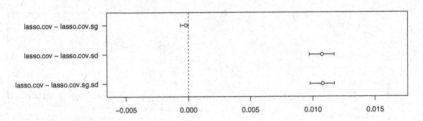

Abb. B.88: (easy - quadrierte Differenzen)
Wilcoxon Vorzeichen Rang Test der Lasso Ansätze.

B.13 (difficult) - Gütemaße

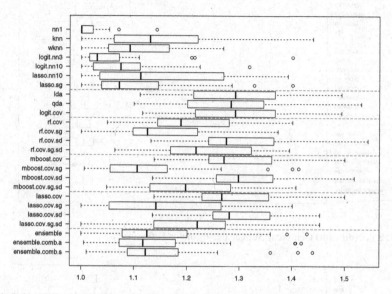

Abb. B.89: (difficult) Missklassifikationsraten im Verhältnis zum besten Verfahren.

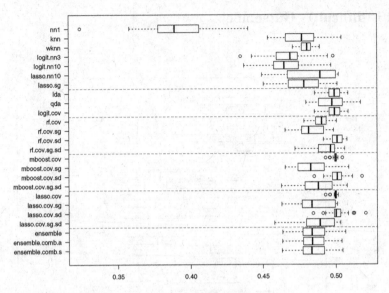

Abb. B.90: (difficult) Gemittelte Summe der absoluten Differenzen.

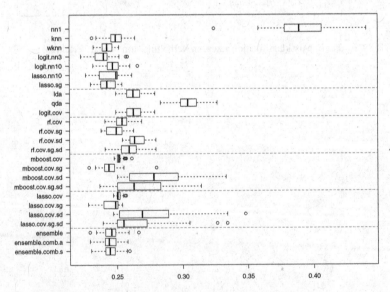

Abb. B.91: (difficult) Gemittelte Summe der quadrierten Differenzen.

B.14 (difficult) - Variablenwichtigkeit

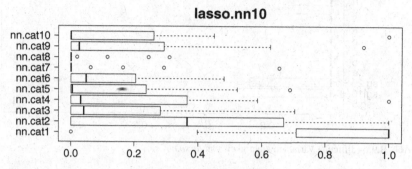

Abb. B.92: (difficult) Variablenwichtigkeit von *lasso.nn10*.

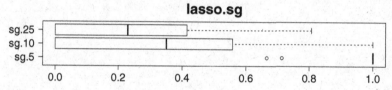

Abb. B.93: (difficult) Variablenwichtigkeit von *lasso.sg*.

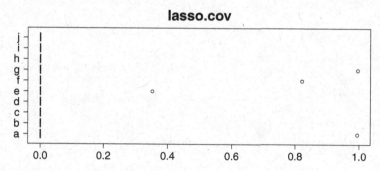

Abb. B.94: (difficult) Variablenwichtigkeit von *lasso.cov*.

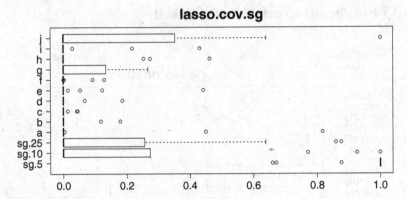

Abb. B.95: (difficult) Variablenwichtigkeit von *lasso.cov.sg*.

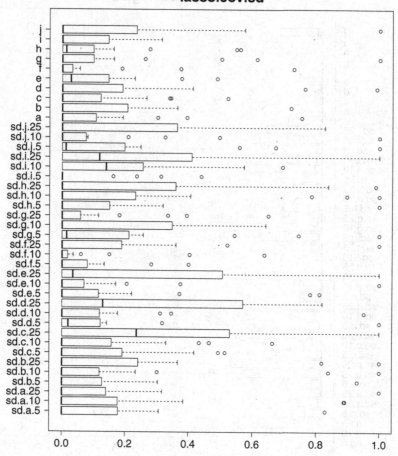

Abb. B.96: (difficult) Variablenwichtigkeit von *lasso.cov.sd*.

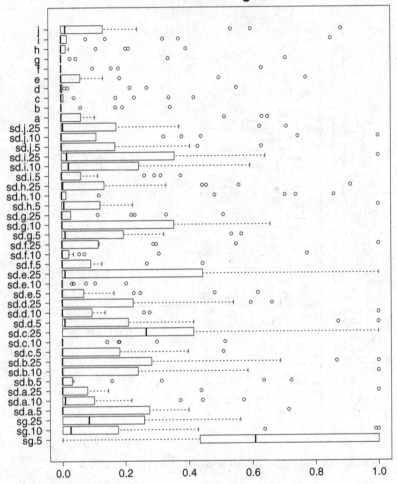

Abb. B.97: (difficult) Variablenwichtigkeit von *lasso.cov.sg.sd*.

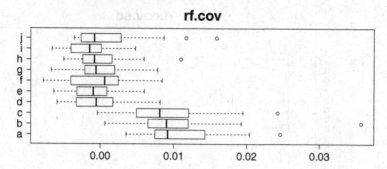

Abb. B.98: (difficult) Variablenwichtigkeit von *rf.cov*.

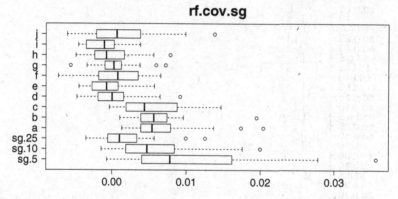

Abb. B.99: (difficult) Variablenwichtigkeit von *rf.cov.sg*.

rf.cov.sd

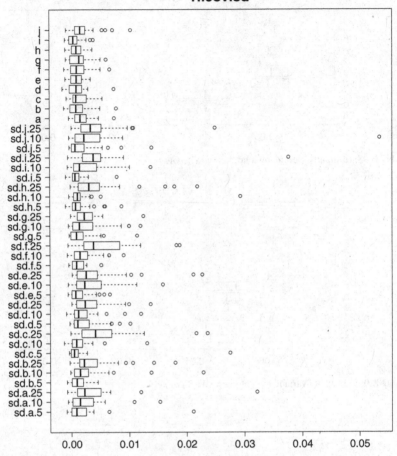

Abb. B.100: (difficult) Variablenwichtigkeit von *rf.cov.sd*.

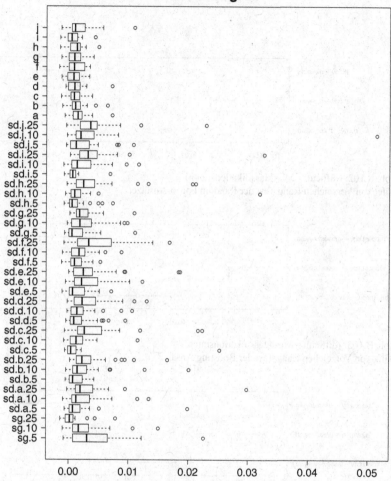

Abb. B.101: (difficult) Variablenwichtigkeit von *rf.cov.sg.sd*.

B.15 (difficult) - Wilcoxon Vorzeichen Rang Tests

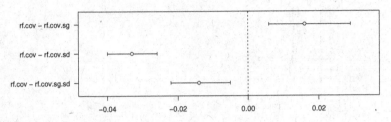

Abb. B.102: (difficult - Missklassifikationsraten)
Wilcoxon Vorzeichen Rang Test der Random Forest Ansätze.

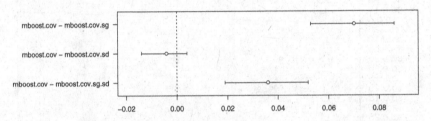

Abb. B.103: (difficult - Missklassifikationsraten)
Wilcoxon Vorzeichen Rang Test der Boosting Ansätze.

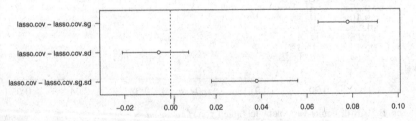

Abb. B.104: (difficult - Missklassifikationsraten)
Wilcoxon Vorzeichen Rang Test der Lasso Ansätze.

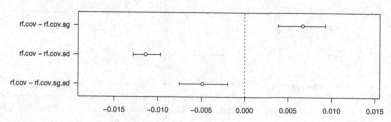

Abb. B.105: (difficult - absolute Differenzen)
Wilcoxon Vorzeichen Rang Test der Random Forest Ansätze.

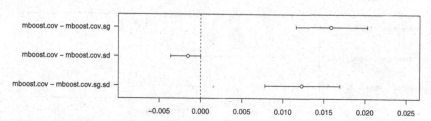

Abb. B.106: (difficult - absolute Differenzen)
Wilcoxon Vorzeichen Rang Test der Boosting Ansätze.

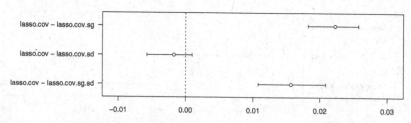

Abb. B.107: (difficult - absolute Differenzen)
Wilcoxon Vorzeichen Rang Test der Lasso Ansätze.

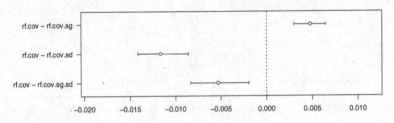

Abb. B.108: (difficult - quadrierte Differenzen)
Wilcoxon Vorzeichen Rang Test der Random Forest Ansätze.

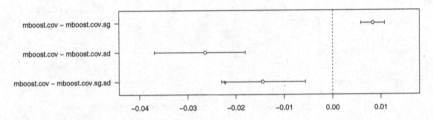

Abb. B.109: (difficult - quadrierte Differenzen)
Wilcoxon Vorzeichen Rang Test der Boosting Ansätze.

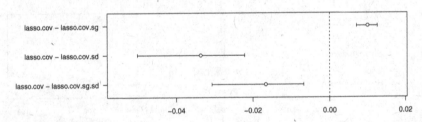

Abb. B.110: (difficult - quadrierte Differenzen)
Wilcoxon Vorzeichen Rang Test der Lasso Ansätze.

Anhang C
Zusatzgrafiken der realen Datensätze

C.1 (Glas Identifikation) - Gütemaße

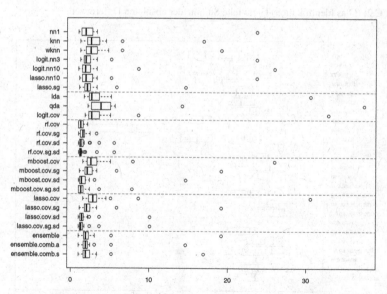

Abb. C.1: (Glas Identifikation) Missklassifikationsraten im Verhältnis zum besten Verfahren.

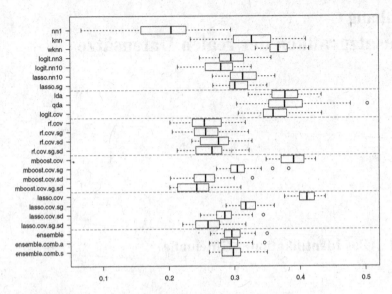

Abb. C.2: (Glas Identifikation) Gemittelte Summe der absoluten Differenzen.

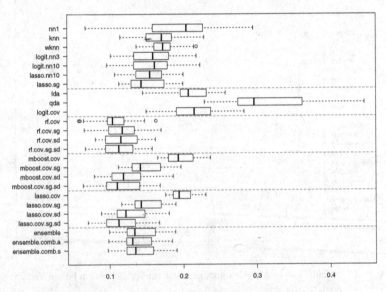

Abb. C.3: (Glas Identifikation) Gemittelte Summe der quadrierten Differenzen.

C.2 (Glas Identifikation) - Variablenwichtigkeit

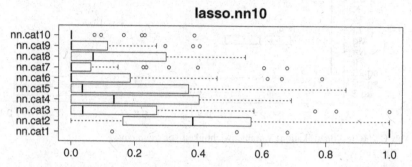

Abb. C.4: (Glas Identifikation) Variablenwichtigkeit von *lasso.nn10*.

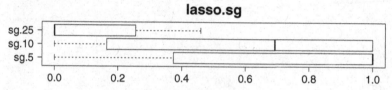

Abb. C.5: (Glas Identifikation) Variablenwichtigkeit von *lasso.sg*.

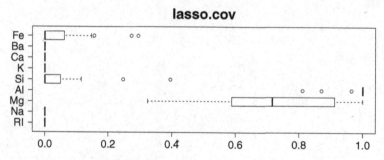

Abb. C.6: (Glas Identifikation) Variablenwichtigkeit von *lasso.cov*.

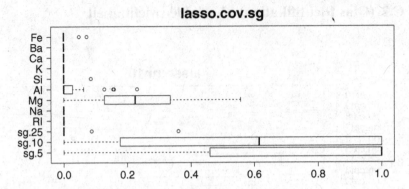

Abb. C.7: (Glas Identifikation) Variablenwichtigkeit von *lasso.cov.sg*.

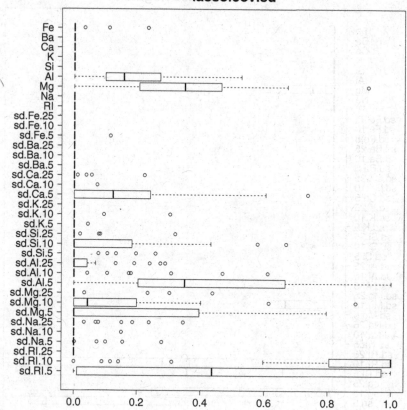

Abb. C.8: (Glas Identifikation) Variablenwichtigkeit von *lasso.cov.sd*.

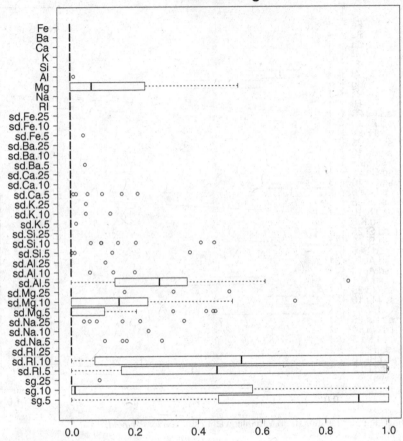

Abb. C.9: (Glas Identifikation) Variablenwichtigkeit von *lasso.cov.sg.sd*.

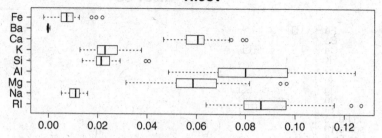

Abb. C.10: (Glas Identifikation) Variablenwichtigkeit von *rf.cov*.

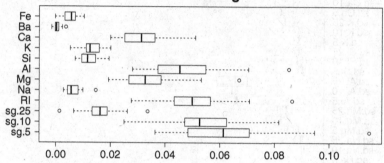

Abb. C.11: (Glas Identifikation) Variablenwichtigkeit von *rf.cov.sg*.

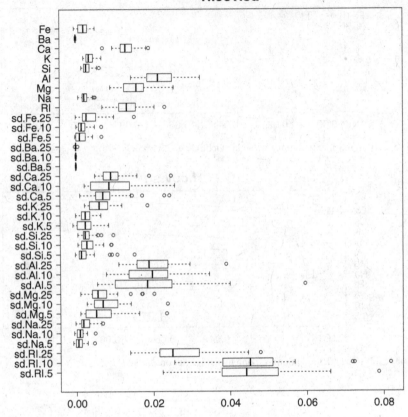

Abb. C.12: (Glas Identifikation) Variablenwichtigkeit von *rf.cov.sd*.

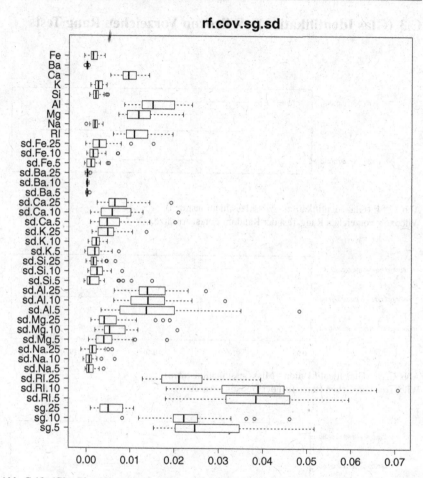

Abb. C.13: (Glas Identifikation) Variablenwichtigkeit von *rf.cov.sg.sd*.

C.3 (Glas Identifikation) - Wilcoxon Vorzeichen Rang Tests

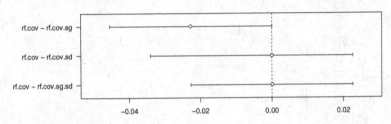

Abb. C.14: (Glas Identifikation - Missklassifikationsraten)
Wilcoxon Vorzeichen Rang Test der Random Forest Ansätze.

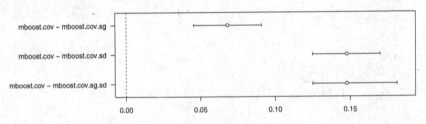

Abb. C.15: (Glas Identifikation - Missklassifikationsraten)
Wilcoxon Vorzeichen Rang Test der Boosting Ansätze.

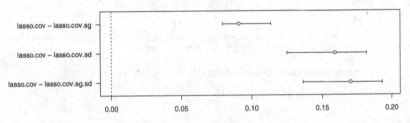

Abb. C.16: (Glas Identifikation - Missklassifikationsraten)
Wilcoxon Vorzeichen Rang Test der Lasso Ansätze.

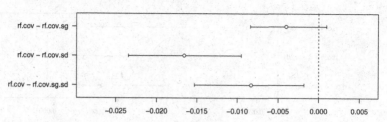

Abb. C.17: (Glas Identifikation - absolute Differenzen)
Wilcoxon Vorzeichen Rang Test der Random Forest Ansätze.

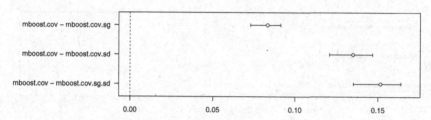

Abb. C.18: (Glas Identifikation - absolute Differenzen)
Wilcoxon Vorzeichen Rang Test der Boosting Ansätze.

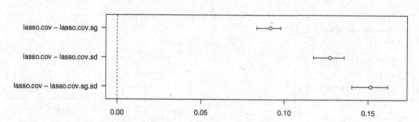

Abb. C.19: (Glas Identifikation - absolute Differenzen)
Wilcoxon Vorzeichen Rang Test der Lasso Ansätze.

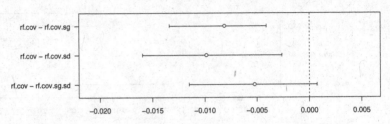

Abb. C.20: (Glas Identifikation - quadrierte Differenzen)
Wilcoxon Vorzeichen Rang Test der Random Forest Ansätze.

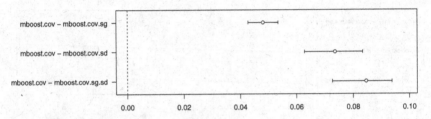

Abb. C.21: (Glas Identifikation - quadrierte Differenzen)
Wilcoxon Vorzeichen Rang Test der Boosting Ansätze.

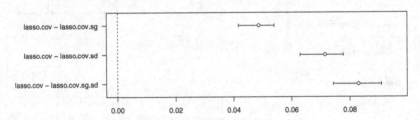

Abb. C.22: (Glas Identifikation - quadrierte Differenzen)
Wilcoxon Vorzeichen Rang Test der Lasso Ansätze.

C.4 (Brustkrebs) - Gütemaße

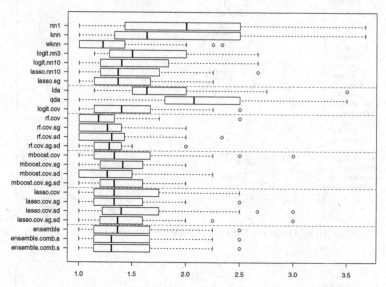

Abb. C.23: (Brustkrebs) Missklassifikationsraten im Verhältnis zum besten Verfahren.

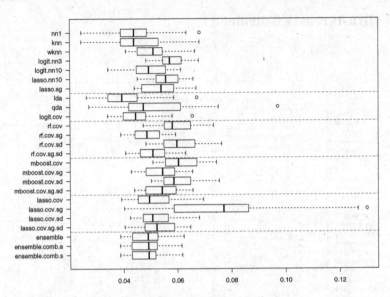

Abb. C.24: (Brustkrebs) Gemittelte Summe der absoluten Differenzen.

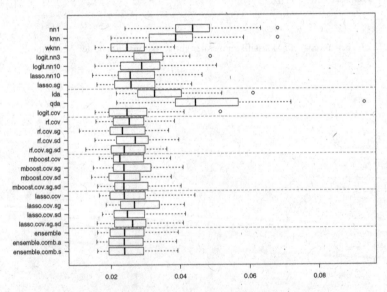

Abb. C.25: (Brustkrebs) Gemittelte Summe der quadrierten Differenzen.

C.5 (Brustkrebs) - Variablenwichtigkeit

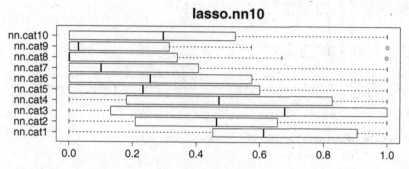

Abb. C.26: (Brustkrebs) Variablenwichtigkeit von *lasso.nn10*.

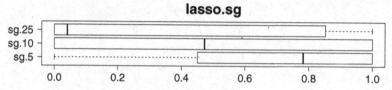

Abb. C.27: (Brustkrebs) Variablenwichtigkeit von *lasso.sg*.

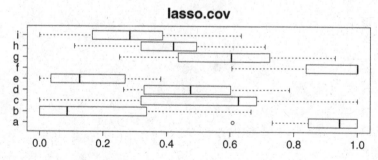

Abb. C.28: (Brustkrebs) Variablenwichtigkeit von *lasso.cov*.

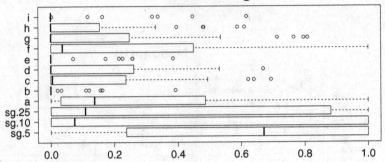

Abb. C.29: (Brustkrebs) Variablenwichtigkeit von *lasso.cov.sg*.

lasso.cov.sd

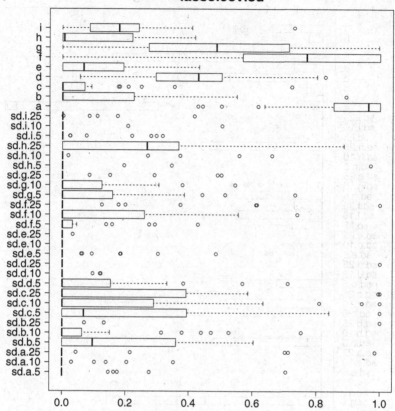

Abb. C.30: (Brustkrebs) Variablenwichtigkeit von *lasso.cov.sd*.

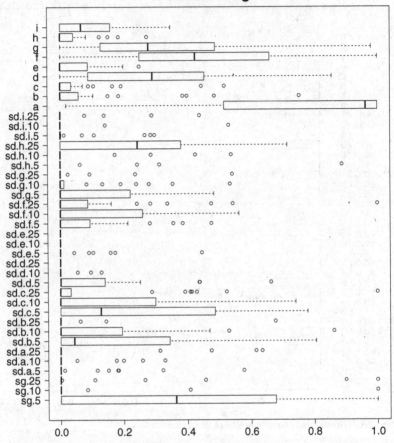

Abb. C.31: (Brustkrebs) Variablenwichtigkeit von *lasso.cov.sg.sd*.

rf.cov

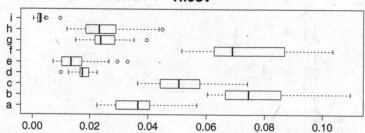

Abb. C.32: (Brustkrebs) Variablenwichtigkeit von *rf.cov*.

rf.cov.sg

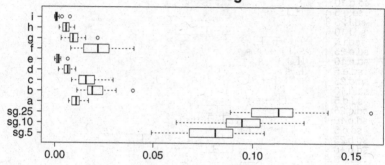

Abb. C.33: (Brustkrebs) Variablenwichtigkeit von *rf.cov.sg*.

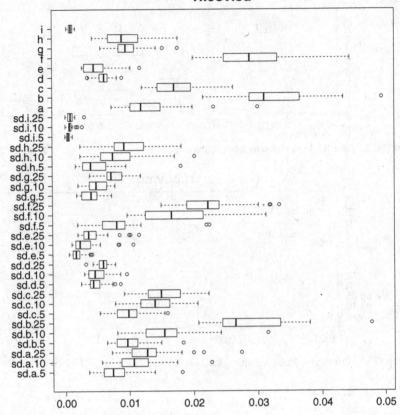

Abb. C.34: (Brustkrebs) Variablenwichtigkeit von *rf.cov.sd*.

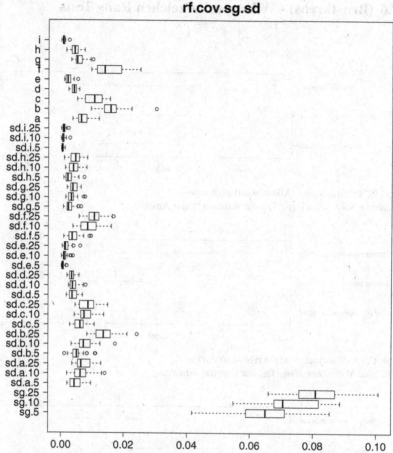

rf.cov.sg.sd

Abb. C.35: (Brustkrebs) Variablenwichtigkeit von *rf.cov.sg.sd*

C.6 (Brustkrebs) - Wilcoxon Vorzeichen Rang Tests

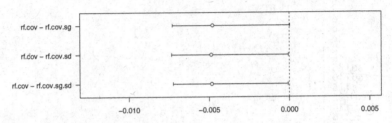

Abb. C.36: (Brustkrebs - Missklassifikationsraten)
Wilcoxon Vorzeichen Rang Test der Random Forest Ansätze.

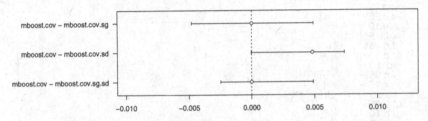

Abb. C.37: (Brustkrebs - Missklassifikationsraten)
Wilcoxon Vorzeichen Rang Test der Boosting Ansätze.

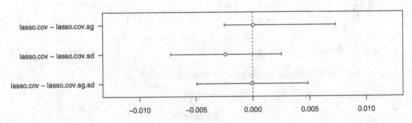

Abb. C.38: (Brustkrebs - Missklassifikationsraten)
Wilcoxon Vorzeichen Rang Test der Lasso Ansätze.

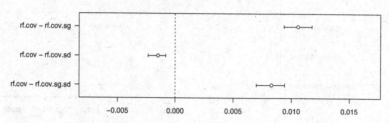

Abb. C.39: (Brustkrebs - absolute Differenzen)
Wilcoxon Vorzeichen Rang Test der Random Forest Ansätze.

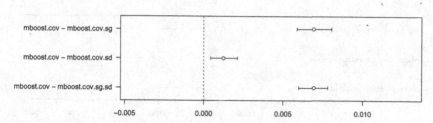

Abb. C.40: (Brustkrebs - absolute Differenzen)
Wilcoxon Vorzeichen Rang Test der Boosting Ansätze.

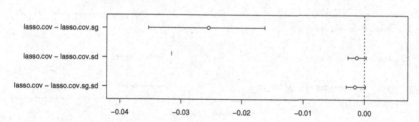

Abb. C.41: (Brustkrebs - absolute Differenzen)
Wilcoxon Vorzeichen Rang Test der Lasso Ansätze.

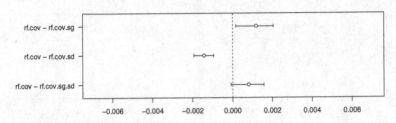

Abb. C.42: (Brustkrebs - quadrierte Differenzen)
Wilcoxon Vorzeichen Rang Test der Random Forest Ansätze.

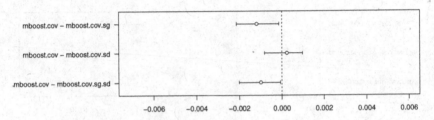

Abb. C.43: (Brustkrebs - quadrierte Differenzen)
Wilcoxon Vorzeichen Rang Test der Boosting Ansätze.

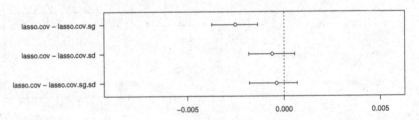

Abb. C.44: (Brustkrebs - quadrierte Differenzen)
Wilcoxon Vorzeichen Rang Test der Lasso Ansätze.

C.7 (Ionosphäre) - Gütemaße

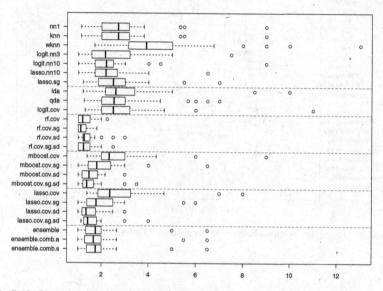

Abb. C.45: (Ionosphäre) Missklassifikationsraten im Verhältnis zum besten Verfahren.

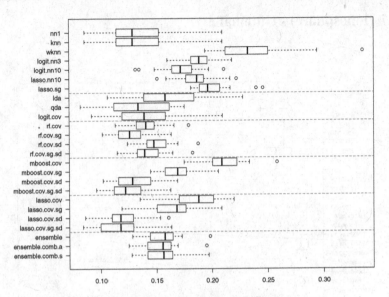

Abb. C.46: (Ionosphäre) Gemittelte Summe der absoluten Differenzen.

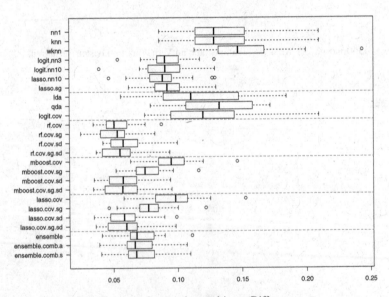

Abb. C.47: (Ionosphäre) Gemittelte Summe der quadrierten Differenzen.

C.8 (Ionosphäre) - Variablenwichtigkeit

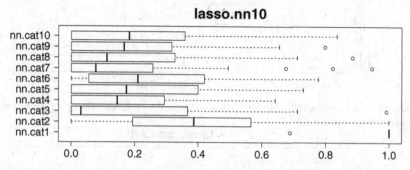

Abb. C.48: (Ionosphäre) Variablenwichtigkeit von *lasso.nn10*.

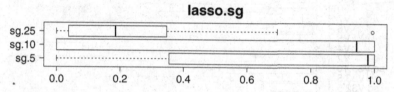

Abb. C.49: (Ionosphäre) Variablenwichtigkeit von *lasso.sg*.

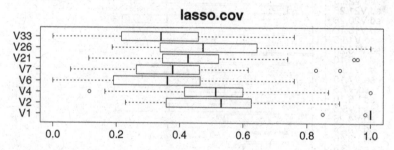

Abb. C.50: (Ionosphäre) Variablenwichtigkeit von *lasso.cov*. Beschränkung auf die 25% einflussreichsten Variablen.

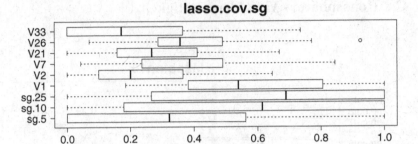

Abb. C.51: (Ionosphäre) Variablenwichtigkeit von *lasso.cov.sg*. Beschränkung auf die 25% einflussreichsten Variablen.

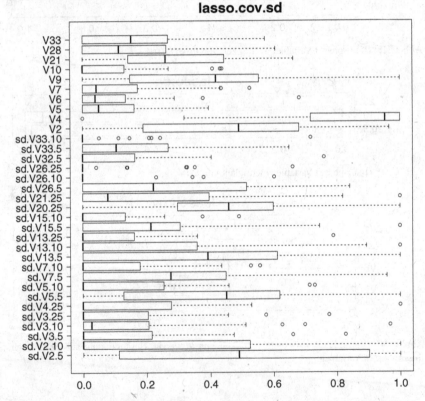

Abb. C.52: (Ionosphäre) Variablenwichtigkeit von *lasso.cov.sd*. Beschränkung auf die 25% einflussreichsten Variablen.

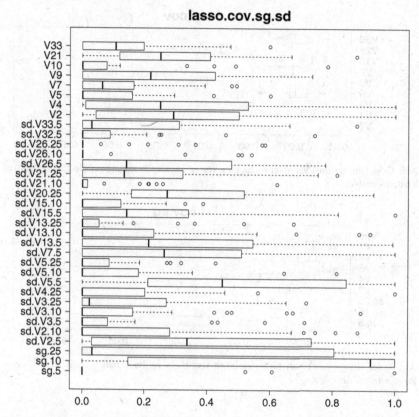

Abb. C.53: (Ionosphäre) Variablenwichtigkeit von *lasso.cov.sg.sd*. Beschränkung auf die 25% einflussreichsten Variablen.

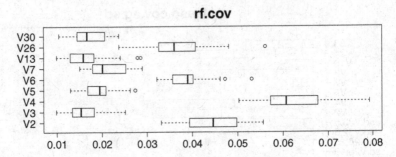

Abb. C.54: (Ionosphäre) Variablenwichtigkeit von *rf.cov*. Beschränkung auf die 25% einflussreichsten Variablen.

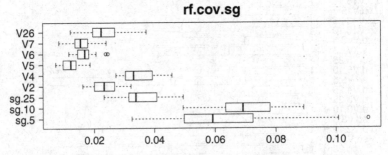

Abb. C.55: (Ionosphäre) Variablenwichtigkeit von *rf.cov.sg*. Beschränkung auf die 25% einflussreichsten Variablen.

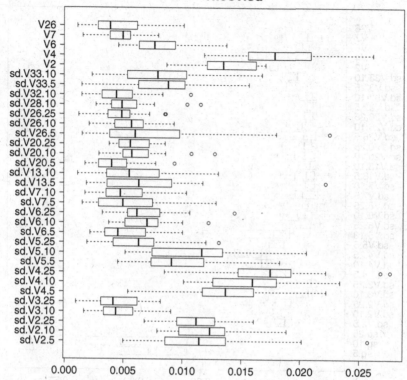

Abb. C.56: (Ionosphäre) Variablenwichtigkeit von *rf.cov.sd*. Beschränkung auf die 25% einflussreichsten Variablen.

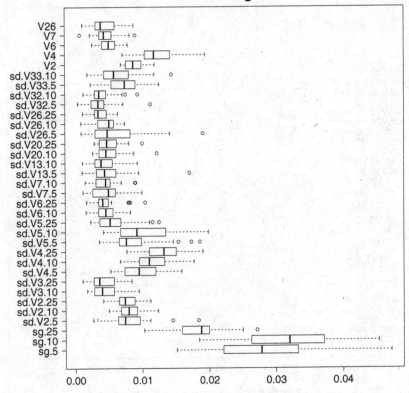

Abb. C.57: (Ionosphäre) Variablenwichtigkeit von *rf.cov.sg.sd*. Beschränkung auf die 25% einflussreichsten Variablen.

C.9 (Ionosphäre) - Wilcoxon Vorzeichen Rang Tests

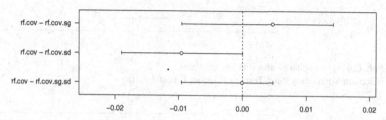

Abb. C.58: (Ionosphäre - Missklassifikationsraten)
Wilcoxon Vorzeichen Rang Test der Random Forest Ansätze.

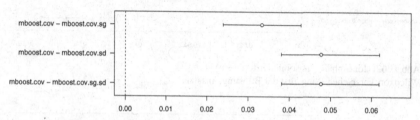

Abb. C.59: (Ionosphäre - Missklassifikationsraten)
Wilcoxon Vorzeichen Rang Test der Boosting Ansätze.

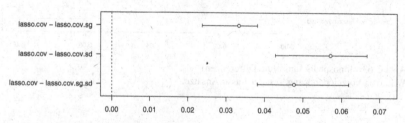

Abb. C.60: (Ionosphäre - Missklassifikationsraten)
Wilcoxon Vorzeichen Rang Test der Lasso Ansätze.

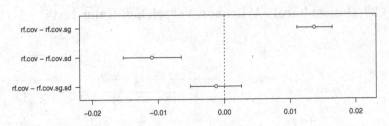

Abb. C.61: (Ionosphäre - absolute Differenzen)
Wilcoxon Vorzeichen Rang Test der Random Forest Ansätze.

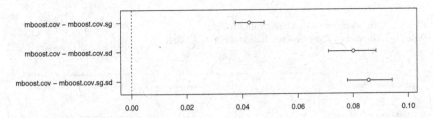

Abb. C.62: (Ionosphäre - absolute Differenzen)
Wilcoxon Vorzeichen Rang Test der Boosting Ansätze.

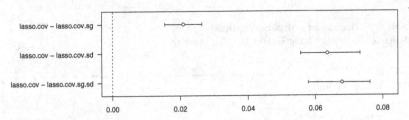

Abb. C.63: (Ionosphäre - absolute Differenzen)
Wilcoxon Vorzeichen Rang Test der Lasso Ansätze.

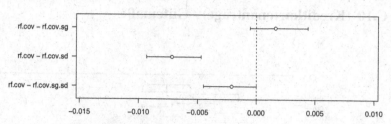

Abb. C.64: (Ionosphäre - quadrierte Differenzen)
Wilcoxon Vorzeichen Rang Test der Random Forest Ansätze.

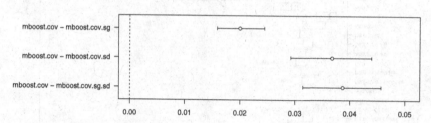

Abb. C.65: (Ionosphäre - quadrierte Differenzen)
Wilcoxon Vorzeichen Rang Test der Boosting Ansätze.

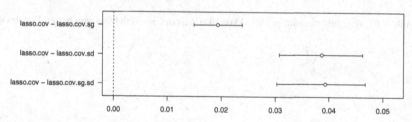

Abb. C.66: (Ionosphäre - quadrierte Differenzen)
Wilcoxon Vorzeichen Rang Test der Lasso Ansätze.

C.10 (Kreditkartenanträge) - Gütemaße

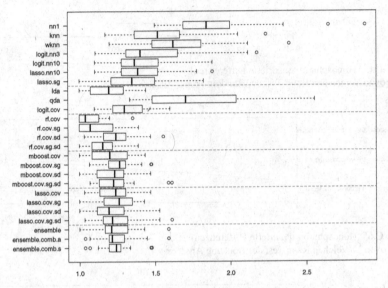

Abb. C.67: (Kreditkartenanträge) Missklassifikationsraten im Verhältnis zum besten Verfahren.

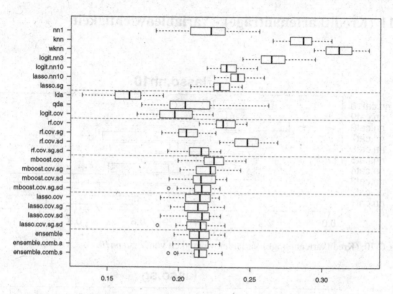

Abb. C.68: (Kreditkartenanträge) Gemittelte Summe der absoluten Differenzen.

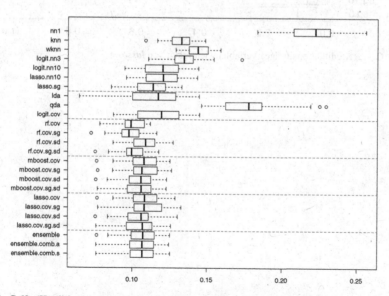

Abb. C.69: (Kreditkartenanträge) Gemittelte Summe der quadrierten Differenzen.

C.11 (Kreditkartenanträge) - Variablenwichtigkeit

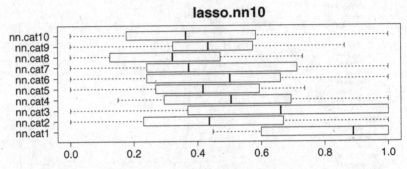

Abb. C.70: (Kreditkartenanträge) Variablenwichtigkeit von *lasso.nn10*.

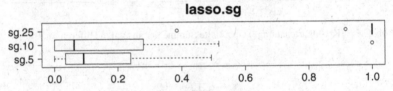

Abb. C.71: (Kreditkartenanträge) Variablenwichtigkeit von *lasso.sg*.

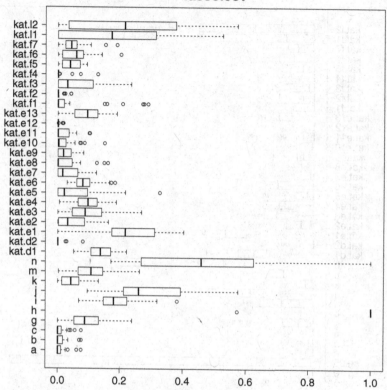

Abb. C.72: (Kreditkartenanträge) Variablenwichtigkeit von *lasso.cov*.

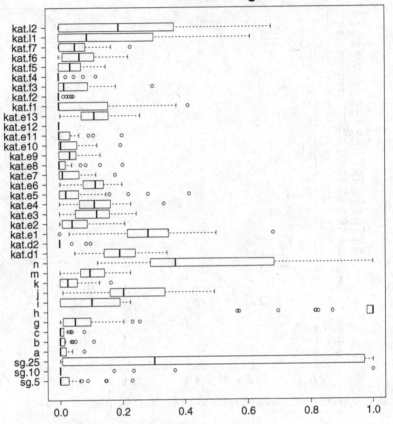

Abb. C.73: (Kreditkartenanträge) Variablenwichtigkeit von *lasso.cov.sg*.

lasso.cov.sd

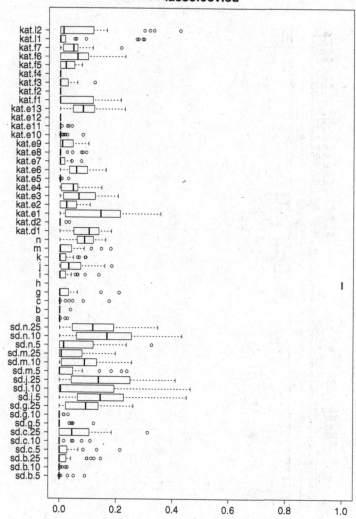

Abb. C.74: (Kreditkartenanträge) Variablenwichtigkeit von *lasso.cov.sd*.

lasso.cov.sg.sd

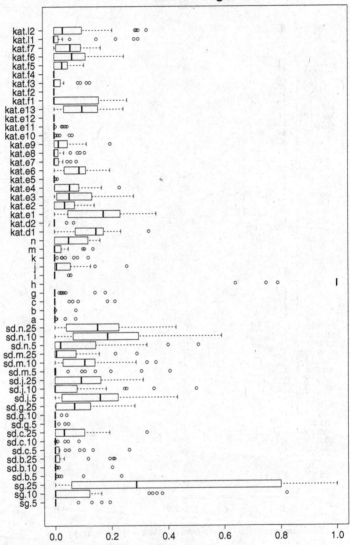

Abb. C.75: (Kreditkartenanträge) Variablenwichtigkeit von *lasso.cov.sg.sd*.

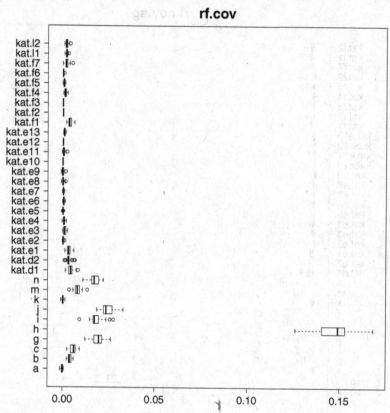

Abb. C.76: (Kreditkartenanträge) Variablenwichtigkeit von *rf.cov*.

rf.cov.sg

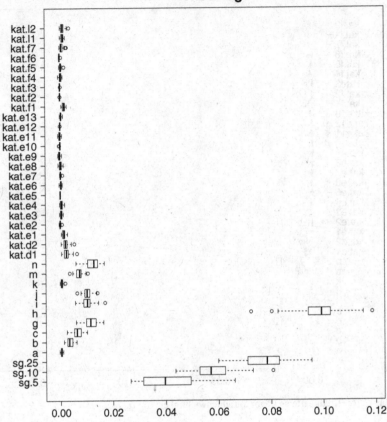

Abb. C.77: (Kreditkartenanträge) Variablenwichtigkeit von *rf.cov.sg*.

rf.cov.sd

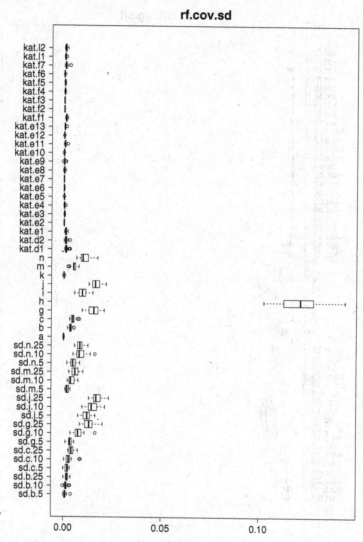

Abb. C.78: (Kreditkartenanträge) Variablenwichtigkeit von *rf.cov.sd*.

rf.cov.sg.sd

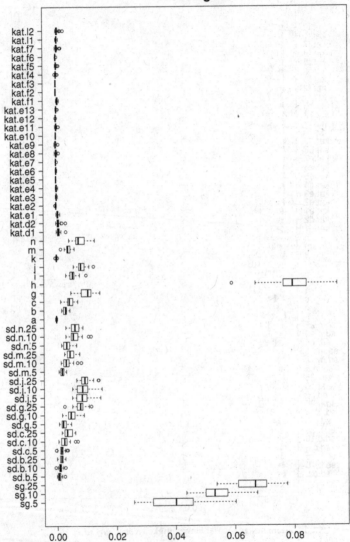

Abb. C.79: (Kreditkartenanträge) Variablenwichtigkeit von *rf.cov.sg.sd*.

C.12 (Kreditkartenanträge) - Wilcoxon Vorzeichen Rang Tests

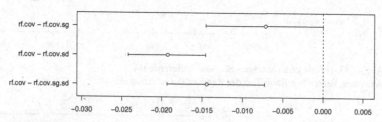

Abb. C.80: (Kreditkartenanträge - Missklassifikationsraten)
Wilcoxon Vorzeichen Rang Test der Random Forest Ansätze.

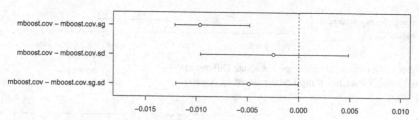

Abb. C.81: (Kreditkartenanträge - Missklassifikationsraten)
Wilcoxon Vorzeichen Rang Test der Boosting Ansätze.

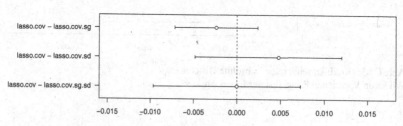

Abb. C.82: (Kreditkartenanträge - Missklassifikationsraten)
Wilcoxon Vorzeichen Rang Test der Lasso Ansätze.

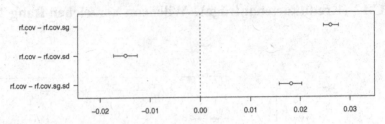

Abb. C.83: (Kreditkartenanträge - absolute Differenzen)
Wilcoxon Vorzeichen Rang Test der Random Forest Ansätze.

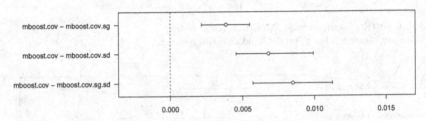

Abb. C.84: (Kreditkartenanträge - absolute Differenzen)
Wilcoxon Vorzeichen Rang Test der Boosting Ansätze.

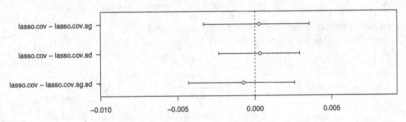

Abb. C.85: (Kreditkartenanträge - absolute Differenzen)
Wilcoxon Vorzeichen Rang Test der Lasso Ansätze.

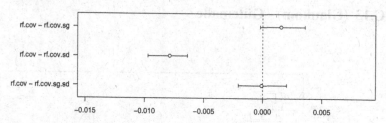

Abb. C.86: (Kreditkartenanträge - quadrierte Differenzen)
Wilcoxon Vorzeichen Rang Test der Random Forest Ansätze.

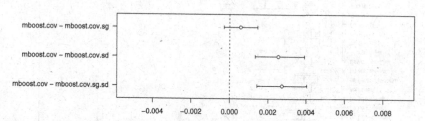

Abb. C.87: (Kreditkartenanträge - quadrierte Differenzen)
Wilcoxon Vorzeichen Rang Test der Boosting Ansätze.

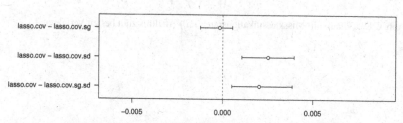

Abb. C.88: (Kreditkartenanträge - quadrierte Differenzen)
Wilcoxon Vorzeichen Rang Test der Lasso Ansätze.

C.13 (Glaukom) - Gütemaße

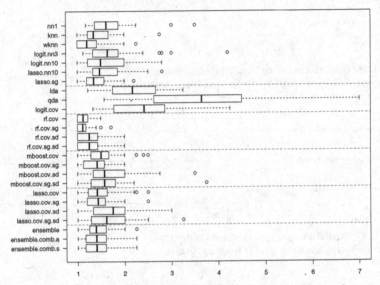

Abb. C.89: (Glaukom) Missklassifikationsraten im Verhältnis zum besten Verfahren.

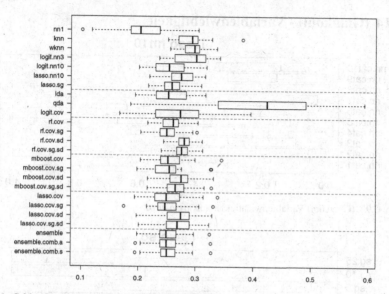

Abb. C.90: (Glaukom) Gemittelte Summe der absoluten Differenzen.

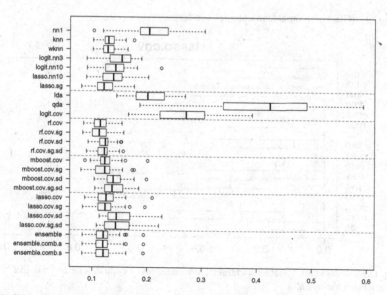

Abb. C.91: (Glaukom) Gemittelte Summe der quadrierten Differenzen.

C.14 (Glaukom) - Variablenwichtigkeit

lasso.nn10

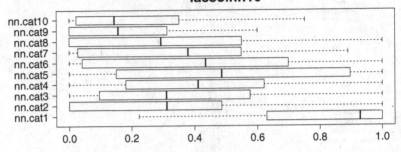

Abb. C.92: (Glaukom) Variablenwichtigkeit von *lasso.nn10*.

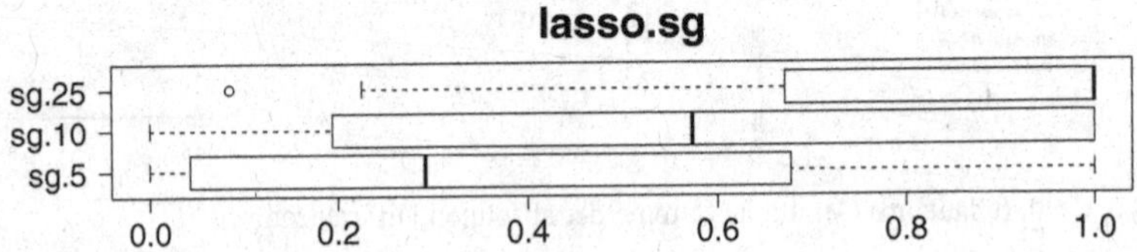

lasso.sg

Abb. C.93: (Glaukom) Variablenwichtigkeit von *lasso.sg*.

lasso.cov

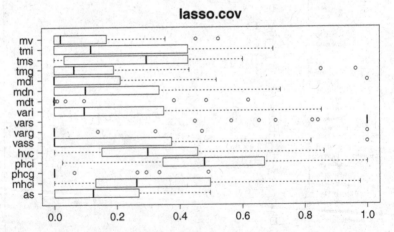

Abb. C.94: (Glaukom) Variablenwichtigkeit von *lasso.cov*. Beschränkung auf die 15% einflussreichsten Variablen.

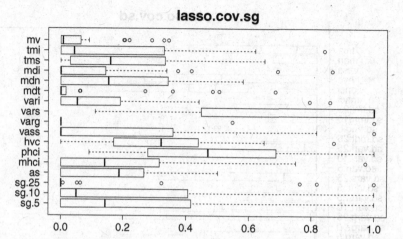

Abb. C.95: (Glaukom) Variablenwichtigkeit von *lasso.cov.sg*. Beschränkung auf die 15% einflussreichsten Variablen.

lasso.cov.sd

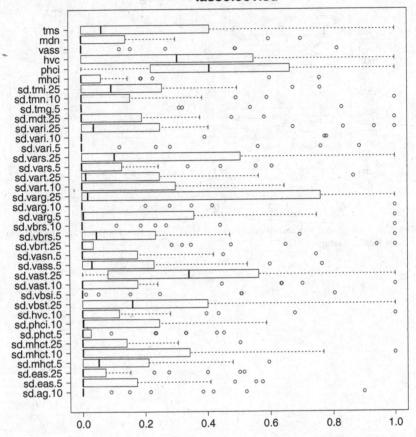

Abb. C.96: (Glaukom) Variablenwichtigkeit von *lasso.cov.sd*. Beschränkung auf die 15% ein-flussreichsten Variablen.

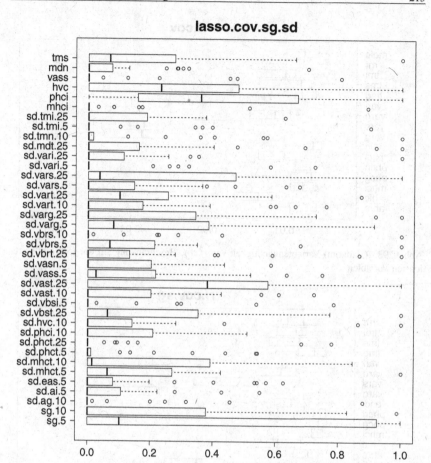

Abb. C.97: (Glaukom) Variablenwichtigkeit von *lasso.cov.sg.sd*. Beschränkung auf die 15% einflussreichsten Variablen.

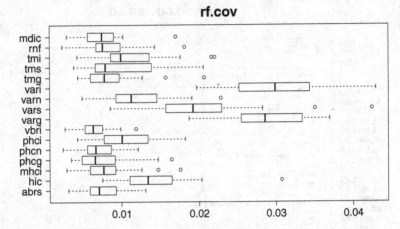

Abb. C.98: (Glaukom) Variablenwichtigkeit von *rf.cov*. Beschränkung auf die 15% einflussreichsten Variablen.

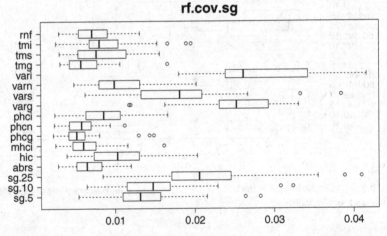

Abb. C.99: (Glaukom) Variablenwichtigkeit von *rf.cov.sg*. Beschränkung auf die 15% einflussreichsten Variablen.

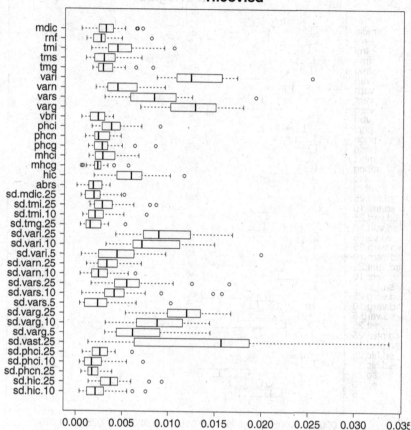

Abb. C.100: (Glaukom) Variablenwichtigkeit von *rf.cov.sd*. Beschränkung auf die 15% einflussreichsten Variablen.

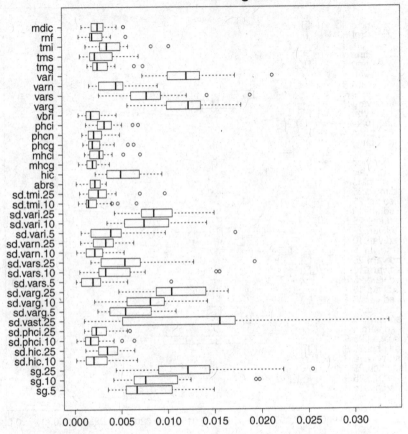

Abb. C.101: (Glaukom) Variablenwichtigkeit von *rf.cov.sg.sd*. Beschränkung auf die 15% einflussreichsten Variablen.

C.15 (Glaukom) - Wilcoxon Vorzeichen Rang Tests

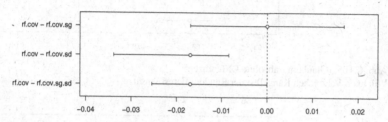

Abb. C.102: (Glaukom - Missklassifikationsraten)
Wilcoxon Vorzeichen Rang Test der Random Forest Ansätze.

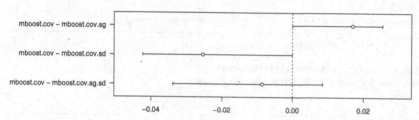

Abb. C.103: (Glaukom - Missklassifikationsraten)
Wilcoxon Vorzeichen Rang Test der Boosting Ansätze.

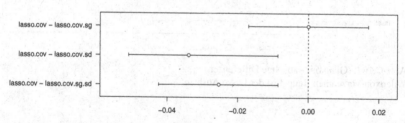

Abb. C.104: (Glaukom - Missklassifikationsraten)
Wilcoxon Vorzeichen Rang Test der Lasso Ansätze.

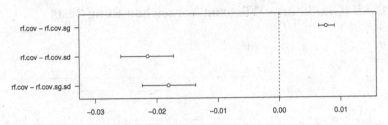

Abb. C.105: (Glaukom - absolute Differenzen)
Wilcoxon Vorzeichen Rang Test der Random Forest Ansätze.

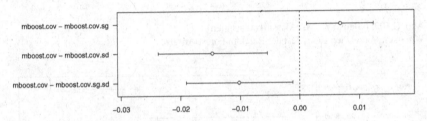

Abb. C.106: (Glaukom - absolute Differenzen)
Wilcoxon Vorzeichen Rang Test der Boosting Ansätze.

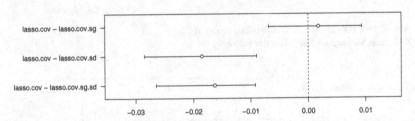

Abb. C.107: (Glaukom - absolute Differenzen)
Wilcoxon Vorzeichen Rang Test der Lasso Ansätze.

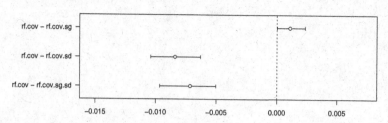

Abb. C.108: (Glaukom - quadrierte Differenzen)
Wilcoxon Vorzeichen Rang Test der Random Forest Ansätze.

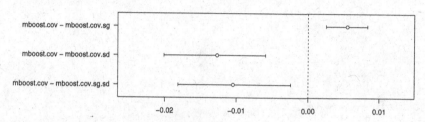

Abb. C.109: (Glaukom - quadrierte Differenzen)
Wilcoxon Vorzeichen Rang Test der Boosting Ansätze.

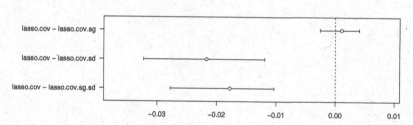

Abb. C.110: (Glaukom - quadrierte Differenzen)
Wilcoxon Vorzeichen Rang Test der Lasso Ansätze.

Literaturverzeichnis

Agrawala, A. Machine recognition of patterns. IEEE Press New York, 1977.

Agresti, A. Categorical data analysis, volume 359. John Wiley & Sons, 2 edition, 2002.

Agresti, A. An introduction to categorical data analysis, volume 423. John Wiley & Sons, 2 edition, 2007.

Aßfalg, J., Böhm, C., Borgwardt, K., Ester, M., Januzaj, E., Kailing, K., Kröger, P., Sander, J. und Schubert, M. Knowledge Discovery in Databases - Klassifikation, 2003. URL http://www.dbs.ifi.lmu.de/Lehre/KDD.

Aurenhammer, F. und Klein, R. Voronoi diagrams. Karl-Franzens-Univ. Graz & Techn. Univ. Graz, 1996.

Bellman, R. Adaptive control processes. Princeton University Press, 1961.

Bennett, K. und Mangasarian, O. Robust linear programming discrimination of two linearly inseparable sets. *Optimization methods and software*, volume 1(1):23–34, 1992.

Breiman, L. Bagging predictors. *Machine learning*, volume 24(2):123–140, 1996.

Breiman, L. Arcing classifier (with discussion and a rejoinder by the author). *The annals of statistics*, volume 26(3):801–849, 1998.

Breiman, L. Prediction games and arcing algorithms. *Neural computation*, volume 11(7):1493–1517, 1999.

Breiman, L. Random forests. *Machine learning*, volume 45(1):5–32, 2001.

Breiman, L., Cutler, A., Liaw, A. und Wiener, M. randomForest: Breiman and Cutler's random forests for classification and regression, 2012. URL http://cran.r-project.org/web/packages/randomForest/index.html. R package version 4.6-7.

Brent, R. Algorithms for minimization without derivatives. Courier Dover Publications, 1973.

Brian, R. und Venables, W. class: Functions for Classification, 2013. URL http://cran.r-project.org/web/packages/class/index.html. R package version 7.3-9.

Brian, R., Venables, W., Bates, D., Hornik, K., Gebhardt, A. und Firth, D. MASS: Support Functions and Datasets for Venables and Ripley's MASS, 2013. URL http://cran.r-project.org/web/packages/MASS/index.html. R package version 7.3-29.

Bühlmann, P. und Hothorn, T. Boosting algorithms: Regularization, prediction and model fitting. *Statistical Science*, volume 22(4):477–505, 2007.

Cost, S. und Salzberg, S. A weighted nearest neighbor algorithm for learning with symbolic features. *Machine learning*, volume 10(1):57–78, 1993.

Cover, T. und Hart, P. Nearest neighbor pattern classification. *IEEE Transactions on Information Theory*, volume 13(1):21–27, 1967.

Cunningham, P. und Delany, S. J. k-nearest neighbour classifiers. Technical Report UCD-CSI-2007-4, University College Dublin and Dublin Institute of Technology, 2007.

Dasarathy, B. Nearest neighbor (NN) norms: NN pattern classification techniques. 1991.

Devroye, L., Györfi, L. und Lugosi, G. A probabilistic theory of pattern recognition, volume 31. Springer Verlag, 1996.

Evett, I. und Spiehler, E. Rule induction in forensic science. Technical report, KBS in Goverment, Online Publications, 1987.

Fahrmeir, L., Hamerle, A. und Tutz, G. Multivariate statistische Verfahren. de Gruyter, 2 edition, 1996.

Fisher, R. The use of multiple measurements in taxonomic problems. *Annals of eugenics*, volume 7(2):179–188, 1936.

Fix, E. und Hodges, J. Discriminatory analysis. nonparametric discrimination: Consistency properties. Technical report, 4, Project Number 21-49-004, USAF School of Aviation Medicine, Randolph Field, Texas. (Reprinted pp 261-279 in Agrawala, 1977), 1951.

Fix, E. und Hodges, J. Discriminatory analysis. nonparametric discrimination: small sample performance. Technical report, 11, Project Number 21-49-004, USAF School of Aviation Medicine, Randolph Field, Texas. (Reprinted pp 280-322 in Agrawala, 1977), 1952.

Frank, I. und Friedman, J. A statistical view of some chemometrics regression tools. *Technometrics*, volume 35(2):109–135, 1993.

Freund, Y. und Schapire, R. A desicion-theoretic generalization of on-line learning and an application to boosting. *Journal of Computer and System Sciences*, volume 55:119–139, 1997.

Friedman, J. Regularized discriminant analysis. *Journal of the American statistical association*, volume 84(405):165–175, 1989.

Friedman, J. Flexible metric nearest neighbor classification. Technical report, Department of Statistics Standord University, 1994.

Friedman, J. Greedy function approximation: a gradient boosting machine. *Annals of Statistics*, volume 29:1189–1232, 2001.

Friedman, J., Hastie, T. und Tibshirani, R. Additive logistic regression: a statistical view of boosting (with discussion and a rejoinder by the authors). *The annals of statistics*, volume 28(2):337–407, 2000.

Fu, W. Penalized regressions: the bridge versus the lasso. *Journal of computational and graphical statistics*, volume 7(3):397–416, 1998.

Genkin, A., Lewis, D. und Madigan, D. Large-scale bayesian logistic regression for text categorization. *Technometrics*, volume 49(3):291–304, 2007.

Goeman, J. L1 penalized estimation in the cox proportional hazards model. *Biometrical Journal*, volume 52(1):70–84, 2010.

Goeman, J., Meijer, R. und Chaturvedi, N. penalized: L1 (lasso and fused lasso) and L2 (ridge) penalized estimation in GLMs and in the Cox model, 2012. URL http://cran.r-project.org/web/packages/penalized/index.html. R package version 0.9-42.

Hapfelmeier, A. Analysis of missing data with random forests. Technical report, Ludwig-Maximilians-Universität München, 2012. Dissertation.

Hastie, T. und Tibshirani, R. Discriminant adaptive nearest neighbor classification. *Pattern Analysis and Machine Intelligence, IEEE Transactions on*, volume 18(6):607–616, 1996.

Hastie, T., Tibshirani, R. und Friedman, J. The elements of statistical learning: data mining, inference, and prediction. Springer Verlag, 2 edition, 2009.

Hechenbichler, K. und Schliep, K. Weighted k-nearest-neighbor techniques and ordinal classification. Sonderforschungsbereich 386, 2004.

Ho, T. Random decision forests: In Document Analysis and Recognition, 1995., Proceedings of the Third International Conference on, volume 1, pp. 278–282. IEEE, 1995.

Hosmer, D. und Lemeshow, S. Applied Logistic Regression. Wiley, 1989.

Hothorn, H., Bühlmann, P., Kneib, T., Schmid, M., Hofner, B., Sobotka, F. und Scheipl, F. mboost: Model-Based Boosting, 2013. URL http://cran.r-project.org/web/packages/mboost/index.html. R package version 2.2-3.

Kearns, M. und Valiant, L. Cryptographic limitations on learning boolean formulae and finite automata. *Journal of the ACM (JACM)*, volume 41(1):67–95, 1994.

Leisch, F. und Dimitriadou, E. mlbench: Machine Learning Benchmark Problems, 2010. URL http://cran.r-project.org/web/packages/mlbench/index.html. R package version 2.1-1.

Lokhorst, J. The lasso and generalised linear models. Technical report, University of Adelaide, 1999.

Mahalanobis, P. On the generalized distance in statistics. In Proceedings of the National Institute of Sciences of India, volume 2, pp. 49–55. New Delhi, 1936.

Marks, S. und Dunn, O. Discriminant functions when covariance matrices are unequal. *Journal of the American Statistical Association*, volume 69(346):555–559, 1974.

McCullagh, P. und Nelder, J. Generalized linear models, volume 37. CRC press, 2 edition, 1989.

Nicodemus, K. Letter to the editor: On the stability and ranking of predictors from random forest variable importance measures. *Briefings in bioinformatics*, volume 12(4):369–373, 2011.

Nothnagel, M. Klassifikationsverfahren der diskriminanzanalyse. Technical report, Humboldt-Universität Berlin, 1999. Diplomarbeit.

Paik, M. und Yang, Y. Combining nearest neighbor classifiers versus cross-validation selection. *Statistical applications in genetics and molecular biology*, volume 3(1):1–21, 2004.

Parvin, H., Alizadeh, H. und Minaei-Bidgoli, B. Mknn: Modified k-nearest neighbor. In Proc. World Congress on Engineering and Computer Science (WCECS) San Francisco, USA. 2008.

Peters, A., Hothorn, T., Ripley, B., Therneau, T. und Atkinson, B. ipred: Improved Predictors, 2013. URL http://cran.r-project.org/web/packages/ipred/index.html. R package version 0.9-2.

Pohar, M., Blas, M. und Turk, S. Comparison of logistic regression and linear discriminant analysis: a simulation study. *Metodolski Zvezki*, volume 1(1):143–161, 2004.

Quinlan, J. Simplifying decision trees. *International journal of man-machine studies*, volume 27(3):221–234, 1987.

Ripley, B. Pattern recognition and neural networks. Cambridge University Press, 1996.

Schliep, K. und Hechenbichler, K. kknn: Weighted k-Nearest Neighbors, 2013. URL http://cran.r-project.org/web/packages/kknn/index.html. R package version 1.2-2.

Segal, M. Machine learning benchmarks and random forest regression. 2004.

Segal, M. R. Microarray gene expression data with linked survival phenotypes: diffuse large-b-cell lymphoma revisited. *Biostatistics*, volume 7(2):268–285, 2006.

Shevade, S. K. und Keerthi, S. S. A simple and efficient algorithm for gene selection using sparse logistic regression. *Bioinformatics*, volume 19(17):2246–2253, 2003.

Sigillito, V., Wing, S., Hutton, L. und Baker, K. Classification of radar returns from the ionosphere using neural networks. *Johns Hopkins APL Tech. Dig*, volume vol. 10:262–266, 1989. In.

Silverman, B. und Jones, M. E. Fix and J.L Hodges (1951): an important contribution to nonparametric discriminant analysis and density estimation: commentary on Fix and Hodges (1951). *International Statistical Review*, pp. 233–257, 1989.

Tibshirani, R. Regression shrinkage and selection via the lasso. *Journal of the Royal Statistical Society. Series B (Methodological)*, volume 58(1):267–288, 1996.

Tibshirani, R. The lasso method for variable selection in the cox model. *Statistics in medicine*, volume 16(4):385–395, 1997.

Venables, W. und Ripley, B. Modern applied statistics with S. Springer Verlag, 4 edition, 2002.

Wolberg, W. und Mangasarian, O. Multisurface method of pattern separation for medical diagnosis applied to breast cytology. *Proceedings of the national academy of sciences*, volume 87(23):9193–9196, 1990.

Zou, H. und Hastie, T. Regularization and variable selection via the elastic net. *Journal of the Royal Statistical Society: Series B (Statistical Methodology)*, volume 67(2):301–320, 2005.

Printed in the United States
By Bookmasters